잘 먹고 잘 놀고 잘 자는

-------- 0~3세 --------

육아핵심 가이드

잘 먹고 잘 놀고 잘 자는
---- 0~3세 ----
육아 핵심 가이드

★★★ 국제 최신 논문 기반의 육아 솔루션 ★★★

"소아과 의사 아빠가 속 시원하게 알려드립니다"

류인혁 지음

위즈덤하우스

차례

Chapter 1 우리 아이가 태어났어요

영유아 먹이기 가이드

수면과 영상 노출 가이드라인

신생아 종합 검사 가이드

★★★

Chapter 4 평소 건강 관리에 무엇이 중요한가요?

Chapter 5 우리 아이가 평소와 달라요

아이를 최선으로 키우고 싶어하는
부모님들께 도움이 되길 바라며

아이를 키우는 것은 모든 부모가 경험한 일이고, 그만큼 다양한 경험과 노하우가 있습니다. 가정마다 문화도 다르고, 아이의 기질도 다르기 때문에 그 경험은 더 다양할 수밖에 없습니다. 어려운 점은 그 많은 노하우 중에 맞는 것도 있지만 맞지 않는 것도 있고, 이전과는 달라진 내용도 있다는 점입니다. 부모님 세대나 지인들의 경험만을 통해 대부분의 정보를 얻던 예전과는 달리 요즘은 인터넷이나 여러 육아서로 훨씬 쉽게, 많은 정보를 얻을 수 있지만 그렇다고 해서 우리 아이에게 필요한 정확한 정보를 찾아내는 것이 꼭 더 쉬워지지는 않은 것 같습니다.

제가 소아과 의사가 된 이후 아이와 관련된 다양한 질문을 많이 받았고, 지금도 계속 받고 있습니다. 아이가 아픈 것과 관련된 질문이 가장 많지만, 때로는 교육, 성장, 영양과 같은 육아와 관련된 질문도 많습니다. 그런 질문에 대해 원래 아는 대로 대답해 주기도 하고 모르는 것은 찾아봐서 대답을 해주기도 합니다. 많은 질문에 대한 답을 하면서 느꼈던 것은 아이를 키운다는 것이 모든 부모에게 쉽지 않은 일이고, 아이에게 최선으로 잘해주고 싶은 마음이 있어서 더 간절하다는 점이었습니다.

저도 처음에는 주변에서 물어볼 때마다 직접 알려주기도 하고, 문자나 전화 통화를 통해 알려주기도 했습니다. 그러다가 같은 질문들이 반복되기도 하고, 점점 질문하는 사람도 많아져서 반복되는 질문의 답을 정리해둬야겠다고 생각했습니다. 질문을 받으면 그 글을 보내주는 것으로 답변을 대신하려고 했지요(같은 말을 반복하는 게 너무 힘들었거든요…). 그러다가 기왕이면 많은 사람이 볼 수 있게 그 내용을 포스팅하자는 생각이 들었고, 그 글을 정기적으로 '네이버 부모i'에 연재해 이제는 이렇게 책으로 출판하게 되었습니다.

아이에게 어떤 상황이 왔을 때 최선으로 해주고 싶은 것은 모든 부모의 마음입니다. 그래서 열심히 정보도 찾고, 질문하고, 공부하는 것이지요. 저도 두 아이의 아빠로서 그 마음을 너무나 잘 알기에 아이를 키울 때 도움이 될 만한 내용들을 열심히 모았습니다. 이 책이 그런 부모님들의 마음을 채워주었으면 좋겠습니다.

66
소아과
의사 아빠가
속 시원하게
알려드립니다
99

Chapter 1

우리

아이가

태어났어요

영유아 먹이기 가이드

1,000일, 아이의 두뇌 발달이 좌우되는 시기

아이들이 좋은 음식을 잘 먹는 것은 항상 중요하지만, 엄마 배 속에 있는 10개월과 태어나고 첫 2년, 합쳐서 1,000일 동안에 아이가 충분한 영양을 공급받는지는 특히 중요합니다. 왜냐하면 이 시기에 아이 두뇌 발달의 많은 부분이 이루어지고, 적절한 영양분이 두뇌 발달의 필수 요소이기 때문입니다.

아이의 건강한 두뇌 발달을 위해서는 여러 가지 요소가 필요합니다. 적절하고 지속적인 자극과 안정적인 환경도 필요하고 가족, 특히 엄마, 아빠와의 정서적인 교감도 매우 중요합니다. 심한 스트레스, 정서적 불안, 심한 감염 등은 아이의 두뇌 발달을 저해하는 요소가 될 수도 있습니다. 영양 부족은 이러한 요소들 가운데서도 두뇌 발달에 가장 큰 영향을 미치는 요소 중 하나입니다.

두뇌 발달에 필요한 영양소

아이의 두뇌 발달에 영향을 주는 영양소는 크게 둘로 나눠 볼 수 있습니다. 우리가 보통 3대 영양소라고 하는 탄수화물, 단백질, 지방이 하나이고, 아연, 철분, 엽산, 요오드, 비타민, 불포화지방산과 같은 미량영양소Micronutrient가 또 하나입니다.

3대 영양소는 두뇌 발달에 가장 큰 영향을 주는데, 실제로 3대 영양소가 이 시기에 부족하면 부족하지 않았던 아이들에 비해 상대적으로 IQ도 낮고, 학습 성과도 떨어지고, 행동도 산만한 것이 연구를 통해 증명되었습니다.

예전에는 경제적인 어려움 때문에 아이들을 잘 먹이는 것이 힘들어서 실제로 단백질, 칼로리 부족에 의한 영양 부족이 많았는데, 요즘에는 이보다는 오히려 아연, 철분, 엽산, 요오드, 비타민 등의 미량영양소 부족이 더 많습니다. 특히 현재 우리나라 정도의 경제적 상황에서는 심한 저체중(연령별, 신장별 체중 3백분위수 미만)인 경우를 제외하면 3대 영양소의 부족은 드뭅니다.

미량영양소는 3대 영양소만큼 발달에 결정적인 영향을 미치지는 않지만 이들도 신경 발달 과정에서 필수적으로 사용되기 때문에 특정 미량영양소가 많이 부족하다면 발달 장애를 일으킬 수 있습니다.

특히 철분 부족은 장기적으로 인지 장애와 연관이 있고, 임신 중 요오드 부족은 심각한 발달 장애, 태어난 후 요오드 부족은 낮은 IQ와 연관이 있습니다. 불포화지방산도 시각 발달과 인지 발달에 중요한 역할을 합니다. 우리나라 아이들은 다른 미량영양소의 부족은 많지 않지만 철분 부족은 종종 있어 부모님의 주의가 필요합니다.

첫 1,000일 동안의 두뇌 발달

아이가 만들어지고 첫 1,000일 동안 아이의 청각, 시각과 관련된 부분은 물론이고 지식 습득, 기억, 사고 과정, 보상, 계획, 집중, 자제, 멀티태스킹, 사회적 능력과 관련된 모든 발달이 이루어집니다. 두뇌는 평생 발달하지만, 만 2세가 되면 이미 뇌의 많은 부분이 완성되고, 그 이후에는 더 이상 발달하지 않습니다.

영양에 대한 3가지 핵심 포인트

❶ 임신 중에는 단백질이 풍부한 영양가 있는 음식을 잘 먹고, 적절한 몸무게를 유지하고, 철분제를 포함한 산부인과에서 권유하는 영양소를 잘 섭취할 것.
  ➡ 물론 심한 입덧으로 물도 제대로 먹기 힘든 경우도 있지만, 최소한의 수분, 단백질, 철분을 섭취하려고 노력하고, 산부인과 선생

님과 지속적으로 상의하면서 임신 기간을 지내시는 것이 중요합니다.

❷ 생후 6개월까지는 모유 또는 분유로만 영양을 보충하고, 이후 이유식을 시작해도 최소 12개월까지는 모유나 분유를 계속 먹일 것.

➡ 4~5개월 때 이유식을 시작하더라도 6개월까지는 씹는 연습을 하는 정도이고 주식은 모유 또는 분유여야만 합니다.

❸ 6개월 이후에는 시기에 맞는 적절한 이유식과 유아식을 주어서 3대 영양소와 칼로리, 미세영양소(특히 철분)가 부족하지 않도록 할 것.

➡ 아이의 성향에 따라 잘 안 먹는 아이들이 있어서 잘 먹이는 것이 어려운 경우도 많지만, 부모님께서 나이에 맞는 양, 유제품, 붉은 고기 등과 관련된 이유식과 유아식의 기본 원칙을 잘 알고 있는 것이 중요합니다. 또 편식이 많이 심한 경우는 진료 후 멀티비타민 등의 영양제 섭취도 고려해볼 수 있습니다.

66

사실 임신 중 산부인과 진료를 잘 받고, 권유 사항을 잘 따르고, 출산 후에는 공부하면서 수유, 이유식, 유아식을 잘하면 대부분 큰 문제는 없습니다. 하지만 이 시기 영양의 중요성을 정확히 인식하고 아이를 위해서 필요한 부분을 공부하는 것은 중요하고 꼭 필요합니다.

99

월령별 수유량과 수유 횟수

　처음 아이가 태어나면 부모님들께서 가장 궁금해하시는 것 중 하나가 아이에게 모유 또는 분유를 얼마큼씩, 얼마나 자주 줘야 할지입니다. 물론 아이가 태어난 병원과 조리원에서 기본적인 수유 방법과 원칙을 배우기도 하고, 아이를 먼저 키워본 선배 친구들에게 조언을 받거나 인터넷에서 기본적인 내용을 찾아보기도 하지만 현실은 그렇게 간단하지 않습니다.

　아이가 충분히 잘 먹는 경우에는 고민이 적지만 아이가 한 번에 적게 먹거나, 너무 자주 먹는 경우 부모님의 고민은 커져만 갑니다.

　'내가 뭔가 잘못하고 있는 건가? 이 분유가 아이에게 잘 안 맞나?'

　'처음에 버릇을 잘못 들여서 아이가 깨작이가 되었나?'

　여러 육아서에서 모유나 분유를 적게 자주 먹는 아이에게 '깨작이 아기'라는 표현을 씁니다. 어떤 육아서에서는 먹이는 훈련을 잘못해서 발생한다고 말하기도 하지만, 다 맞는 말은 아닙니다.

　이런 차이는 사실 아이에게 먹이는 방식보다는 아이가 다양하기 때문에 생깁니다. 모든 아이의 생김새가 다 다르듯 위의 크기나 위가 비워지는 데 걸리는 시간gastric emptying time도 다 다릅니다. 특히 태어난 지 얼마 안 되는 신생아의 위가 비워지는 시간은 1~4시간으로 다양하기 때문에 어떤 아이들은 태어난 지 1주 만에도 3~4시간 간격에 만족하고, 어떤 아이들은 1~2시간마다 주기를 원하는 것입니다.

　아이가 크면서 이러한 간격은 점점 늘어나게 되지만 그것도 마찬가지로 개인적인 차이가 있을 수밖에 없습니다. 물론 모든 아이가 다 한 번에 많이 먹고, 간격도 빨리 길어지고, 밤에 통잠도 자고 하면 좋겠지만 (다른 모든 육아가 그렇듯) 그것은 부모 마음대로 되는 부분이 아닙니다.

따라서 기본적으로는 아이의 요구에 맞춰 양과 간격을 조절하는 것이 중요합니다. 아이가 그만 먹고 싶어 하면 너무 억지로 주려고 하면 안 되고, 더 먹고 싶어 하는데 정해진 양을 다 먹였다고 해서 그만 주는 것도 좋은 방법은 아닙니다. 평소에 아이가 먹는 양보다 조금 넉넉한 양을 준비해서 아이가 원하는 만큼 충분히 먹게 하고 남은 것은 버리는 것이 올바른 방법입니다. 그리고 몇 시간 후 아이가 배고파하는 모습을 보이면 또 먹이면 됩니다. 그냥 보채는 것과 배고파하는 모습을 구분하는 것은 중요합니다.

평균적인 월령별 수유량과 수유 횟수

월령	체중(kg)	1회량(㎖)	수유 횟수(하루)
0~2주	3.3	80	7~8
2주~1개월	4.2	120	6~7
1~2개월	5	160	6
2~3개월	6	160	6
3~4개월	6.9	200	5
4~5개월	7.4	200	5
5~6개월	7.8	200~220	4~5

그래도 부모님이 아이의 개월 수에 따른 평균적인 수유량과 수유 횟수를 알고 계시는 것은 중요합니다. 양육자가 기준을 가지고 아이의 요구에 잘 반응하여 수유량과 횟수를 조절해 가시는 것과 평균적인 것을

모르고 아이의 요구만 따라가는 것은 다른 문제이기 때문입니다. 말처럼 간단한 일은 아니지만 목표로 하는 수유량과 간격을 가지고 계시면서 아이의 요구에 잘 반응하려고 하는 자세가 필요합니다.

우리 아이가 충분히 먹고 있는 걸까요?

아이의 개월 수에 따라 필요한 평균적인 칼로리가 정해져 있기는 하지만 당연히 매일매일 그것을 따지며 아이들을 먹일 수는 없습니다.

연령별 체중, 남자

개월(만)	체중(kg) 백분위수				
	1	25	50	75	99
0	2.3	3.0	3.3	3.7	4.6
1	3.2	4.1	4.5	4.9	6.0
2	4.1	5.1	5.6	6.0	7.4
3	4.8	5.9	6.4	6.9	8.3
4	5.4	6.5	7.0	7.6	9.1
5	5.8	7.0	7.5	8.1	9.7
6	6.1	7.4	7.9	8.5	10.2
7	6.4	7.7	8.3	8.9	10.7
8	6.7	8.0	8.6	9.3	11.1
9	6.9	8.3	8.9	9.6	11.4
10	7.1	8.5	9.2	9.9	11.8
11	7.3	8.7	9.4	10.1	12.1

실제로 아이를 키울 때 중요한 것은 아이의 몸무게가 잘 늘고 있는지 체크하는 것입니다. 아이의 컨디션이 양호하고, 개월 수에 맞게 몸무게가 잘 늘고 있으면 충분한 영양을 잘 섭취하고 있다고 생각하셔도 됩니다.

아이들은 평균적으로 첫 6개월 동안은 하루에 15~30g, 6~12개월에는 하루에 6~15g의 몸무게 증가가 있지만 실제로는 아이의 상황에 따라 매우 다양합니다. 따라서 출생 체중을 고려하여 성장도표를 통해 아이 몸무게의 변화를 확인하시는 것이 더 유용합니다.

연령별 체중, 여자

개월(만)	체중(kg) 백분위수				
	1	25	50	75	99
0	2.3	2.9	3.2	3.6	4.4
1	3.0	3.8	4.2	4.6	5.7
2	3.8	4.7	5.1	5.6	6.9
3	4.4	5.4	5.8	6.4	7.8
4	4.8	5.9	6.4	7.0	8.6
5	5.2	6.4	6.9	7.5	9.2
6	5.5	6.7	7.3	7.9	9.7
7	5.8	7.0	7.6	8.3	10.2
8	6.0	7.3	7.9	8.6	10.6
9	6.2	7.6	8.2	8.9	11.0
10	6.4	7.8	8.5	9.2	11.3
11	6.6	8.0	8.7	9.5	11.7

● 성장도표는 모유 수유를 하는 아이들의 표준치로 만들어졌기 때문에 분유 수유하는 아이들은 첫 6개월에는 몸무게가 좀 덜 느는 것으로 생각될 수 있습니다. 이는 분유 수유아의 특징으로 대부분 돌 전에 따라잡습니다.

모유 수유(직수)의 먹는 양 확인법

모유 수유를 직수로 하는 경우 익숙해지면 당연히 아이가 충분히 먹었는지 자연스럽게 알 수 있습니다. 하지만 아이가 잘 안 먹는 것처럼 느껴지거나 몸무게가 잘 늘지 않는다면 아이가 충분히 못 먹고 있는 것이 아닌지 걱정이 되실 수도 있습니다.

'모유가 잘 안 나와서 아이가 충분히 못 먹고 있는 것은 아닐까?'

'이 정도면 충분히 먹은 게 맞나? 더 먹여야 하나?'

이럴 때 신생아용 체중계를 이용하는 것도 하나의 방법이 될 수 있습니다. 수유 전과 수유 후의 체중을 비교하면 직수로 모유 수유를 할 때도 아이가 얼마나 먹었는지 대략 알 수 있습니다. 예를 들어 체중이 3,500g이었는데 수유 후에 3,600g이 되었으면 '대충 100㎖ 정도를 먹었구나' 하고 알 수 있습니다.

유난스럽다고 생각할 수도 있지만 걱정이 되는 양육자에게는 자신감을 가지고 모유 수유를 지속할 수 있는 하나의 팁이 될 수 있습니다.

> 66
>
> 처음 아이를 낳으면 모든 부모가 아이를 잘 먹이고, 잘 재우고 싶지만 이는 생각보다 쉬운 일이 아닙니다. 모든 아이가 알아서 잘 먹고, 잘 자면 좋겠지만 현실은 그렇지 않은 경우가 많기 때문입니다.
>
> 하지만 그것은 아이들의 다양성 때문이지 부모의 잘못이 아닙니다. 육아에 대한 여러 가지 공부도 물론 필요하지만 자책하기보다는 아이의 다양성을 받아들이고 느긋한 마음을 가지시려는 자세도 중요합니다.
>
> 힘드시겠지만 그 시기도 또 금방 지나가니 조금만 힘내세요(물론 그다음 단계가 계속 기다리고 있지만요).
>
> 99

모유 수유의 장점

많은 사람이 모유 수유가 좋다고 이야기는 하지만 실제로 아이를 낳고 모유 수유를 끝까지 계속하는 것은 굉장히 어려운 일입니다. 출산 후 모유가 잘 나오지 않아서 혼합 수유를 하게 되거나 분유 수유로 바꾸게 되는 경우도 많고, 아이나 엄마가 아파서 어쩔 수 없이 모유 수유를 중단하게 되는 경우도 있습니다. 또 짧은 출산휴가 후 직장에 복귀하게 되어서 모유 수유를 중단하는 경우도 있고, 아이가 단순히 모유를 잘 먹지 않거나 그 밖의 여러 가지 이유로 모유 수유를 계속하지 못할 수도 있습니다.

모유 수유의 좋은 점에 대해 말씀드리기 전에 우선 모유 수유를 하지 못하거나, 중간에 중단하더라도 괜찮다는 이야기를 먼저 하고 싶습니다. 모유 수유를 하면 추가적인 이득이 있는 것은 분명한 사실이지만 모유 수유를 못 한다고 해서 어머니가 자책하실 일은 전혀 아닙니다. 각자의 상황에서 할 수 있는 만큼의 모유 수유를 했으면 그것으로 충분합니다.

모유 수유는 정말 힘든 일입니다. 특히 아이가 어릴 때는 밤낮 구분 없이 잠도 못 자고 한 번에 30분 이상씩 힘들게 수유하기를 2~3시간 간격으로 끊임없이 반복해야 합니다. 유축도 힘들지만 직접 수유는 수유를 대부분 혼자 감당해야 하기 때문에 더더욱 힘들 수밖에 없습니다.

이 힘든 일을 계속하려면 모유 수유가 객관적으로 아이에게 어떤 도움이 되는지 아는 것이 중요합니다. 단지 '모유 수유가 아이에게 좀 더 좋겠지…'라는 생각만으로 모유 수유를 계속하기는 너무나 힘들기 때문입니다. 그래서 이렇게 힘들게 모유 수유를 하는 것이 아이에게 어떤 이득이 있을까요?

감염 위험 감소

모유의 가장 확실한 장점은 모유에 있는 여러 항세균 및 항바이러스 항체, 방어 인자 덕분에 감염에 덜 걸리게 되는 것입니다. 연구에 의하면 3~4개월 이상 모유 수유를 하면 모유 수유를 하지 않은 아이에 비해 입원까지 필요한 심한 호흡기 감염의 위험이 72%, 중이염의 위험이 50%, 장염의 위험은 64% 감소합니다.

특히 어린이집이나 유치원에 다니는 큰아이가 있는 둘째, 셋째 아이들에게는 더 큰 장점이 될 수 있습니다.

알레르기 질환 감소

모유 수유를 하면 천식, 아토피 피부염 같은 알레르기 질환의 위험도 감소합니다. 3개월 이상 모유 수유를 하면 알레르기 질환 저위험군에서는 위험도가 27%, 고위험군에서는 위험도가 42% 감소합니다. 알레르기 질환은 유전적인 요소가 많이 작용하기 때문에 부모가 알레르기 질환이 있는 경우에는 아무래도 아이에게 더 큰 도움이 될 수 있습니다.

비만 위험 감소

모유 수유를 하지 않은 아이와 비교하였을 때 모유 수유를 한 아이가 청소년, 성인 시기에 비만이 있을 위험이 15~30% 감소합니다. 단, 이 연구에서 직접 수유를 하는 것과 분유병에 담아 수유하는 것의 차이가 미치는 영향이 다를 수 있어 앞으로 더 연구가 필요합니다. 그래도 모유수유가 비만 위험 감소에 도움이 되는 것은 사실입니다.

당뇨병 감소

3개월 이상 모유 수유를 한 경우 1형 당뇨병의 위험이 30% 감소합니다. 초기에 우유 단백질에 노출이 안 되는 것이 당뇨병 감소에 영향을 줍니다.

두뇌 발달

사실 두뇌 발달과 연관된 연구는 유전적 요인, 부모의 학력 수준, 교육 환경, 사회경제적 수준 등 영향을 미치는 요인이 다양해서 하나의 요인을 결정적인 요인으로 보기는 좀 어렵습니다. 하지만 많은 사람을 대상으로 한 연구에서 3개월 이상 모유 수유를 한 그룹이 모유 수유를 하지 않은 그룹에 비해 지능 테스트 결과와 교수 평가가 약간 더 높다는

(아주 미미하지만) 연구 결과가 있었습니다. 특히 미숙아와 같은 신경 발달 위험군에서는 더 도움이 되는 것으로 결과가 나왔습니다.

그러나 두뇌 발달과 관련된 부분은 좀 더 연구가 필요한 부분이고, 결과 역시 민감하게 생각할 만큼 큰 차이는 아닙니다.

산모의 이득

모유 수유 자체가 산모에게 주는 이득도 큽니다. 여러 이득 중 가장 확실한 이득은 우울증 감소와 체중 감소입니다. 연구를 통해 우울증 감소에 도움이 되는 것이 확인되었고, 1만4천 명을 대상으로 한 연구에서 모유 수유를 한 산모의 6개월 후 평균 체중이 1.38kg 더 감소했습니다.

언제까지 모유 수유를 하는 것이 좋을까요?

미국 소아과 학회AAP에서는 일단 6개월을 권유하며, 가능하면 1년, 원하면 1년 이상도 좋다고 말합니다. 기본 모유 수유 개월 수를 6개월로 잡은 이유는 4개월과 6개월 모유 수유를 한 그룹을 비교한 연구에서 6개월 모유 수유를 한 경우 호흡기 감염, 위장관 감염, 중이염, 알레르기 질환, 산모의 체중 감소 등에서 의미 있는 이득이 더 있었기 때문입니다.

당연히 모유 수유를 하나도 하지 않는 것과 비교해서는 조금이라도 더 하는 것이 더 이득이 있습니다.

> 66
>
> 모유 수유는 정말 힘든 일입니다. 그래도 모유 수유가 아이와 산모에게 객관적으로 어떤 이득이 있는 것인지를 아는 것이 더 힘을 내서 모유 수유를 계속할 수 있는 방법이라고 생각합니다. 모유 수유는 힘든 일이지만 아이를 위해 충분히 가치 있는 일입니다.
> 이 글이 특히 모유 수유를 계속할지 고민 중이신 어머니들과 힘들게 모유 수유를 하고 계신 어머니들께 힘이 되었으면 좋겠습니다.
>
> 99

국제 표준 이유식 가이드

　모유나 분유만 먹던 아이에게 단계적으로 음식의 종류를 변화시켜 고형식으로 이행해나가는 과정을 '이유'라고 합니다. 그리고 그 과정에 포함된 과즙, 액상, 고형식을 모두 '이유식'이라고 부릅니다.

　모유나 분유를 빠는 행위는 태어나면서부터 가지고 있는 흡철 반사에 의한 것이기 때문에 다른 훈련이 필요 없지만, 숟가락을 이용하여 반고형식을 받아먹고, 부수고, 삼키는 능력은 훈련이 필요한 일이기 때문에 부모님들께서 인내를 가지고 반복해서 시도해야만 합니다.

이유식은 언제 시작하는 것이 좋을까요?

　대한 소아과 학회와 세계보건기구WHO는 이유식을 생후 6개월(180일)에 시작할 것을 권유하고 있고, 미국 소아과 학회와 유럽 소아 소화기 영양 학회ESPGHAN에서는 4~6개월에 시작할 것을 권유하고 있습니다. 결국 4~6개월 사이에 아이가 충분히 준비가 되었을 때 시작하면 되고, 6개월 가까이에 시작하셔도 괜찮습니다.

　아이가 이유식을 시작할 준비가 되었다는 사인은 다음과 같습니다.

· 고개를 세우고 지지해서 앉을 수 있다.
· 수저를 유심히 바라보고 어른이 먹을 때 입을 오물거린다.

- 무엇이든 입으로 가져가 자연적으로 이유식을 먹으려는 의욕을 보인다.
- 배가 부르면 등을 기대거나 고개를 돌려 그만 먹겠다는 의사를 밝힐 수 있다.
- 이유식을 시도하면 잘 받아 삼킨다.

미숙아의 경우 1~2개월 늦게 시작해도 좋습니다.

이유식을 더 빨리 시작하면 발달에 더 좋은 것 아닌가요?

한때 조기교육처럼 이유식을 빨리 시작하는 것이 아이의 발달에 더 좋다는 이야기가 유행했습니다. 그래서 이유식을 빨리 시작하려고 노력하는 부모님이 많았고, 4~5개월쯤에 시작하거나 심지어는 3개월부터 시작하기도 했습니다.

이에 대한 연구의 현재까지 결론은 '4~6개월 사이에는 빨리 시작하는 것과 늦게 시작하는 것이 아이의 건강, 신경학적 발달에 영향을 미치지 않는다'라는 것입니다. 또 이유식을 3~4개월 사이에 일찍 시작한 그룹과 6개월에 시작한 그룹을 비교한 연구도 있었는데, 이 연구에서도 두 그룹 간에 IQ를 포함한 신경학적 발달의 차이는 없었습니다.

이와 관련해서 소아과 교과서에는 '이유식을 일찍 시작하는 것은 영양적, 정신적으로 유리하지 않다'라고 말합니다. 오히려 아이가 충분히 준비되지 않은 상태에서 이유식을 너무 빨리 시작한다면 이유식을 잘 안 먹거나 거부하는 등 좋지 않은 식습관의 원인이 될 수 있기 때문에 조심해야 합니다.

이유식을 일찍 시작하면 알레르기 질환을 줄일 수 있나요?

최근 연구에 따르면 아이들, 특히 알레르기의 위험이 높은 아이들이 특정 음식(계란, 땅콩 등)을 일찍 시작하는 것이 오히려 알레르기 발생의 위험을 줄일 수 있다는 보고는 있습니다. 하지만 그것도 4개월 이후의 이야기입니다.

4개월 이전에 이유식을 시작하면 오히려 알레르기 질환 발생의 위험이 높아집니다. 또 4~6개월 사이에는 더 일찍 시작한다고 해서 알레르기 질환 위험이 감소된다는 증거는 없습니다.

이유식을 일찍 시작하면 아이가 더 잘 크는 것은 아닌가요?

다음의 그래프에서 볼 수 있듯이 6개월까지는 모유나 분유만 먹어도 영양적으로 충분합니다. 따라서 6개월 이전까지는 이유식을 시작하더라도 모유나 분유 이외의 음식에 습관을 들이고, 익숙해지는 것이 목적이지 영양 보충이 목적이 아닙니다.

그렇기 때문에 이유식을 일찍 시작하는 것이 아이의 성장을 더 빠르게 하지는 못합니다. 오히려 너무 일찍 시작하면 모유의 섭취가 줄어들어 영양적으로 부족해질 수 있습니다. 또 연구에 따르면 4개월 이전에 이유식을 시작하면 이후에 비만의 위험이 올라간다는 보고도 있습니다.

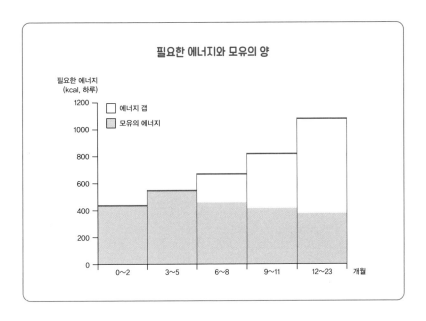

이유식을 6개월 이후에 시작하는 것은 왜 안 좋은가요?

먼저 말씀드린 것처럼 6개월까지는 모유 또는 분유만으로도 아이에게 충분한 영양 공급이 됩니다. 하지만 6개월 이후에는 모유나 분유만으로는 필요한 에너지를 다 공급하기 어렵습니다. 따라서 6개월 이후부터 서서히 이유식의 종류와 양을 늘려나가서 12개월 정도에는 대부분의 영양을 후기 이유식 또는 유아식으로 보충해야 합니다.

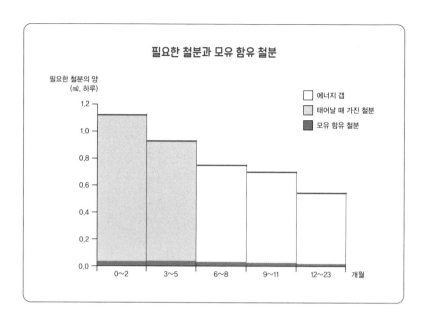

필요한 철분과 모유 함유 철분

필요한 철분의 양
(㎖, 하루)

에너지 갭
태어날 때 가진 철분
모유 함유 철분

모유는 영양학적으로 아이에게 거의 완벽하지만 철분은 부족합니다. 6개월까지는 태어나면서 가지고 있던 철분이 남아 있어 괜찮지만 그 이후로는 몸안의 철분이 급격히 줄어들어 이유식을 통한 철분의 보충이 중요합니다. 그래서 모유 수유를 하는 아이는 생후 4~6개월부터 이유식으로 충분한 철분을 보충하게 될 때까지는 철분제 복용을 권유하고 있습니다. 철분 보충에 대해서는 뒤에서 더 자세히 다루겠습니다.

66

이유기는 올바른 식습관을 만드는 매우 중요한 시기입니다. 편식을 예방하고 미각의 발달을 도모하며 손 씻기, 이 닦기 등 기초적인 위생 습관과 식사 태도 등 기본적인 사회성을 익히는 시기입니다. 너무 일찍 시작하기보다는(물론 너무 늦어도 안 되겠지만) 아이와 부모가 충분히 준비된 시기에 시작하여 아이에게 좋은 식습관을 갖도록 하는 것이 더 중요합니다.

처음 이유식을 시작한 아이가 잘 먹지 못하는 것은 당연합니다. 따라서 부모님들께서 느긋한 마음가짐으로 인내를 가지고 진행하는 것이 중요합니다. 다른 발달 과정도 그렇지만 특히 이유식의 진행 과정은 개인차가 크기 때문에 아이에 맞춰서 단계적으로 천천히 진행하여 아이에게 즐거운 식사 경험을 주는 것이 좋은 식습관을 갖게 하는 데 도움이 됩니다.

99

이유식 시작 가이드

아이들은 태어나서 첫 6개월까지는 모유 또는 분유를 통해 필요로 하는 영양을 모두 공급받을 수 있습니다. 미숙아로 태어난 경우나 모유 수유를 하는 경우 철분제 보충은 필요하니 거의 모두라고 해야겠네요.

철분 보충 가이드

- 미숙아로 태어난 경우는 적어도 생후 12개월까지는 철분 보충이 필요하다(2mg/kg/day).
- 모유 수유하는 아이는 만삭아라도 이유식으로 충분한 철분 공급이 될 때까지 생후 4~6개월에는 철분제를 권유한다(1mg/kg/day).
- 분유로만 수유하는 아이는 4~6개월 사이에는 따로 철분 보충은 필요 없고, 6개월 이후에 이유식 진행이 잘 안 되어서 충분한 철분 공급을 못 하는 경우만 철분제를 고려한다.

하지만 생후 6개월 이후에는 모유나 분유만으로는 영양 공급이 충분하지 않아서 추가적으로 열량과 철분, 아연, 비타민 등의 보충이 필요합니다. 따라서 보통 생후 4~6개월부터는 이유식을 시작하여 이유식에 적응하고, 6개월부터는 본격적으로 이유식을 시작해서 12개월까지 단계적으로 진행합니다.

이유식의 단계별 시도

이유식은 한 가지의 곡물, 그다음에 고기를 먼저 시작할 것을 권고합니다. 왜냐하면 이 시기의 아이에게 가장 필요한 영양소인 철분과 아연이 풍부하게 들어 있기 때문입니다. 아이가 이것에 잘 적응한다면 이후 채소나 과일 등을 하나씩 추가해 볼 수 있습니다.

곡물

이유식을 시작할 때는 한 종류의 곡물로 시작하는 것을 권고합니다. 우리나라에서는 보통 쌀로 가장 많이 시작하는데 알레르기 반응이 가장 적고, 구하기도 쉽기 때문입니다.

외국에서도 보통 쌀이나 귀리Oats로 시작하는데 한 종류로 된 곡물이라면 꼭 쌀이 아니어도 괜찮습니다. 외국에서는 곡물에 철분을 강화한 시리얼(분유, 물 등을 더해 바로 먹을 수 있도록 만든 식품)로 만들어진 제품을 많이 사용하기도 합니다.

최근 우리나라 부모님들도 '싱글 그레인 베이비시리얼'과 같은 시판 제품을 많이 이용하십니다. 철분이 강화되었다는 영양학적 장점이 있고 간편하기 때문입니다.

퓨레

이후 다양한 음식을 추가할 때는 퓨레(갈아서 걸쭉하게 만든 음식) 형태로 단계적으로 시도하는 것이 좋습니다. 퓨레 역시 처음에는 한 가지 종류로 시작하고, 아이가 알레르기 반응이 없는 것을 확인한 후 3~5일 간격으로 새로운 음식을 추가하는 것이 안전합니다.

퓨레는 집에서 만들 수도 있고, 시판 제품을 이용할 수도 있습니다. 집에서 정성껏 만든 퓨레는 더 신선하고, 다양한 종류와 식감의 음식을 아이에게 줄 수 있다는 장점이 있지만, 영양 구성이 적절한지 꼭 확인이 필요합니다. 연구에 따르면 집에서 만들 때 특정 영양소가 부족한 경우가 아무래도 더 많았다고 합니다.

다양한 음식

보통 8개월 정도가 넘어가기 시작하면 점점 중기 이유식을 진행하는데, 이때 가장 중요한 점은 다양한 음식을 주는 것입니다. 이 시기에 쓴 맛이 있는 녹색 식물을 포함한 다양한 맛과 식감을 아이에게 경험시키는 것이 이후에 과일, 채소를 포함한 다양한 음식을 잘 먹는 식습관 형성에 굉장히 중요합니다.

아직은 식습관이 형성되어 있지 않은 시기이기 때문에 처음에는 잘 먹지 않더라도 포기하지 마시고 반복적으로 시도하면 처음에는 안 먹던 음식에도 생각보다 잘 적응하는 경우가 많습니다. 2~3번 만에 적응하는 경우도 있지만 10~15번까지 반복적인 시도가 필요하기도 합니다. 쉽게 포기하시면 안 됩니다!

피해야 할 음식

이유식에 소금, 설탕을 추가로 첨가할 필요는 없습니다. 아이가 이유식을 잘 안 먹는 경우 소금이나 설탕을 첨가하여 맛을 조금 더 좋게 하면 더 잘 먹을까 하는 생각이 들 수 있습니다. 그러나 이유식부터 소금, 설탕을 사용하는 것은 아이를 더 잘 먹게 하는 데 도움이 되지 않고, 오히려 아이가 다양한 맛을 접하는 것을 방해하여 나중에 특정 음식을 안 먹고, 편식을 하게 만들 가능성이 높습니다.

꿀은 영아 보툴리즘(심한 식중독)과의 연관성 보고가 있어 12개월 이전에는 주지 않아야 합니다. 모든 아이에게서 보툴리즘이 발생하지는 않지만, 위험성이 있기 때문에 금지하고 있습니다.

기도로 넘어갈 수 있는 딱딱하거나 동그란 음식도 적어도 만 3세까지는 주의가 필요합니다. 견과류나 포도알(통째로)이 대표적으로 사고가 많이 나는 음식입니다.

과일주스도 권고하지 않습니다. 이 시기의 과일주스는 영양적 이득은 없으면서 오히려 다른 음식의 섭취를 방해하거나, 너무 많이 먹게 하거나, 설사, 복부팽만을 일으킬 수 있고, 충치의 원인이 되기도 합니다. 대신 으깨거나 퓨레로 만든 과일을 권장합니다.

> 이유식을 처음 시작할 시기가 되면 부모님의 고민이 많아집니다. 언제 시작해야 할지, 어떤 것을 먹여야 할지, 잘 안 먹으면 어떻게 해야 할지… 여러 정보가 너무 많기에 관련된 핵심적인 정보를 잘 알고 계시는 것이 오히려 더 중요해지고 있는 것 같습니다.
>
> 기본 원칙을 잘 알고 있다면 나머지는 아이에 맞게 잘 적용하실 수 있습니다. 아이들의 이유식과 관련된 중요한 사실을 꼭 기억해 주세요.

알레르기 고위험군 아이의 이유식

"우리 아이가 알레르기 고위험군이라면 특정 음식을 늦게 시작해야 하나요?" 부모님들이 많이 하시는 질문인데 이에 대한 답변은 전문가들 사이에서도 종종 엇갈립니다. 최근에 이와 관련한 권고 내용이 완전히 바뀌었기 때문입니다.

알레르기는 어떤 물질을 먹거나 접촉하였을 때 몸의 반응이 과민하게 나타나는 것을 말합니다. 보통 흔하게 알고 계시는 아토피 피부염, 천식, 비염, 음식 알레르기가 대표적인 알레르기 질환입니다. 음식 알레르기는 5~10% 정도의 아이들에게서 발생하고, 0~2세 사이에 가장 많이 발생합니다.

알레르기 질환 고위험군

아이의 부모님이나 형제에게 알레르기 질환이 있으면 아이는 알레르기 질환의 고위험군입니다. 알레르기 질환이 발생할 확률이 더 높다는 것이지요. 가족의 알레르기 질환이 심할수록, 양쪽 부모님이 다 알레르기 질환이 있을수록 알레르기 질환의 발생 위험이 더 높습니다. 또 어릴 때 음식 알레르기 등 특정 알레르기 질환이 있다면 그 외 다른 알레르기 질환이 발생할 위험도 더 높습니다.

알레르기 고위험군 아이의 이유식

알레르기 고위험군에 속하는 아이에게 예전에는 계란, 견과류, 해산물 등 알레르기를 흔하게 일으키는 음식은 2~3세까지는 먹지 않을 것을 권고해 왔습니다. 이러한 권고는 이 음식들을 늦게 시작하는 것이 아이의 알레르기 질환, 특히 아토피 피부염을 예방하는 데 도움이 된다는 연구 결과들을 바탕으로 만들어졌습니다. 그런데 2008년부터는 이런 연구 결과가 근거가 부족하다고 하여 권고 사항이 바뀌었고, 이후에는 오히려 특정 음식을 늦게 시작하는 것이 알레르기 질환의 위험을 높인다는 연구 결과도 나왔습니다. 또 최근에는 계란, 땅콩과 같은 특정 음식을 4~6개월 사이에 빨리 시작하는 것이 오히려 알레르기 질환의 발생을 줄인다는 연구 결과도 있습니다. 따라서 현재는 이유식을 시작할 때 알레르기 질환의 고위험군이라고 해서 특정 음식의 시작을 늦추는 것을 더이상 권고하지 않습니다. 굳이 일찍 시작할 것도 권고하지는 않습니다.

알레르기 질환 고위험군이 아닌 아이의 이유식

알레르기 질환의 가족력이 없는 아이도 마찬가지입니다. 특정 음식을 늦추는 것은 알레르기 질환의 예방에 도움이 되지 않고, 오히려 알레르기 발생 위험을 높일 수 있습니다.

주의사항

부모님들이 헷갈려 하시면 안 되는 것이, 특정 음식을 미루는 게 알레르기 질환의 예방에 도움이 안 된다는 것이지, 알레르기 반응이 아예 없을 거라는 말이 아니라는 것입니다. 일부 아이들은 이유식을 시작하면서 알레르기 반응이 있을 수 있고, 알레르기 질환 고위험군의 아이라면 그 위험이 더 높은 것은 맞습니다. 그리고 알레르기 반응이 발생한다면 당연히 먹지 않아야 합니다. 알레르기 반응을 미리 걱정해서 미루는 것이 이득이 없다는 점은 확실하지만, 알레르기 반응이 발생하는지 주의깊게 살피는 일은 중요합니다. 따라서 이유식을 진행할 때 3~5일 간격으로 새로운 식재료를 하나씩 추가하면서 아이에게 알레르기 증상이 발생하는지 잘 확인해야 합니다.

음식 알레르기 증상

음식 알레르기의 증상은 생각보다 다양하게 발생합니다. 일반적으로 음식 알레르기라고 하면 발진, 두드러기 등을 생각하시지만 그 외에도 구토, 설사, 복통, 혈변, 호흡곤란과 같은 다양한 증상이 발생할 수 있습니다. 따라서 새로운 식재료를 추가할 때는 이러한 증상이 발생하는지 주의깊게 관찰해야 합니다. 또 하나 알고 계시면 좋은 사실은 음식 알레르기 중 음식을 섭취한 뒤 수 시간 이내에 증상이 발생하는 알레르기도 있지만, 2~3일에 걸쳐 증상이 점차적으로 발생하는 지연형 알레르기 반응도 있다는 것입니다. 따라서 음식을 먹은 당일 증상이 없었다고 다 안심할 수 있는 것은 아니고 3~5일 이후에도 증상이 없다면 알레르기 반응이 없다고 생각할 수 있습니다.

만약 알레르기 증상이 발생한다면?

알레르기 증상이 발생하였거나 의심된다면 즉시 병원에 방문해야 합니다. 증상이 심하지 않고 저절로 좋아지는 경우도 있지만 간혹 혈관성 부종, 호흡곤란, 아나필락시스 등으로 진행되기 때문에 가볍게 생각하면 안 됩니다. 대부분의 알레르기 질환은 적절히 치료만 하면 바로 좋아질 수 있는데 치료가 늦어지면 사고로 이어질 수도 있어서 특히 더 조심해야 합니다.

> 66
>
> 이유식을 시작하고 진행할 때 알레르기 질환의 예방을 위해 특정 식재료의 시작을 미룰 필요는 없습니다. 다만 새로운 식재료를 3~5일 간격으로 하나씩 추가하면서 알레르기 증상이 발생하는지 주의깊게 관찰하는 것은 중요합니다.
>
> 99

"먹고 난 뒤 자주 토하는 아기, 괜찮은가요?"

외래에서 신생아나 돌 이전 아이들의 부모님들이 무척 자주 하시는 질문입니다. 모유나 분유를 먹고 나서 자주 토하는 모습을 보이면 걱정이 되실 수밖에 없지만 대부분은 크면서 저절로 좋아지는 정상적인 역류입니다.

구토와 역류

우선 구토Vomiting과 역류Regurgitation를 구분해서 알 필요가 있습니다. 구토는 하부 식도 괄약근이 이완되고 복압이 상승하면서 위의 내용물이 강한 힘에 의해 입 밖으로 튀어나오는 현상을 말합니다. 아이가 뿜는 양상으로 토를 한다면 그것은 확실히 구토입니다. 반면에 역류는 식도나 위의 내용물이 힘없이 입 밖으로 나오는 것을 말합니다. 부모님께서 아이가 수유 후 울컥울컥 게워낸다고 표현하시는 것들은 대부분 역류입니다.

영아에서의 위식도역류

위식도역류Gastroesophageal reflux: GER는 위의 내용물이 식도로 넘어오는 것을 의미합니다. 건강한 영아, 소아, 성인에게도 일어나는 것으로 대부분 짧은 시간 이어지고 어떤 증상이나 합병증을 일으키지 않습니다. 만약 이 증상이 심해져 다른 증상이 생기거나 식도염 등의 합병증을 일으키면 이때는 위식도역류질환Gastroesophageal reflux disease: GERD이라고 합니다.

그런데 이 위식도역류가 영아에서는 더 흔합니다. 건강한 영아도 하루에 보통 30회 이상의 위식도역류가 있고, 그중 일부는 분유나 우유 등의 내용물이 입 밖까지 나오기도 합니다. 어떤 경우에는 입 밖으로 나오는 양이 생각보다 많아서 구토처럼 보이기도 합니다.

위식도역류(특히 입 밖으로 내용물이 나오는)는 아이가 어릴수록 더 흔하며 나이가 들면서 줄어들고, 대부분 돌 전에는 많이 줄어들게 됩니다. 만약 18개월 이후에도 심한 역류 또는 구토가 있다면 그것은 문제일 수 있습니다.

연구에 따르면 역류는 0~3개월 아이들의 절반 정도에서 보이며, 4개월 때 60% 정도로 가장 흔합니다. 6~7개월에는 20% 정도로 줄게 되고, 10~12개월에서는 5% 정도의 아이들에게서만 심한 역류가 관찰됩니다. 생각보다 흔하지요? 물론 정도의 차이는 있지만 반 이상의 아이들이 경험하는 현상이며, 대부분 10개월 이후에는 많이 줄어듭니다.

어떤 경우에 걱정해야 하나요?

역류는 대부분의 경우 괜찮지만 정상적인 위식도역류가 아닌 다른 질환을 의심해야 하거나, 정상 범위를 벗어난 위식도역류질환을 의심해야 하는 경우가 있습니다.

- 몸무게가 잘 늘지 않거나 체중의 감소가 있을 때
- 성장도표에서 연령별 체중, 키, 두위가 5백분위수 미만일 때
- 담즙성 구토(녹색), 토혈(피를 토하는 경우), 혈변이 있는 경우
- 지속되는 심한 구토, 설사, 밤에 하는 구토가 있을 때
- 역류나 간헐적인 구토가 12~18개월 이후에도 지속될 때

위의 경우에 속한다면 정상적인 위식도역류가 아닐 수 있으므로 소아과에 가서 진료를 봐야 합니다. 반드시 위의 경우가 아니더라도 부모님이 보시기에 역류나 구토가 심한 것 같거나, 역류 전후로 심하게 보채는 등 증상이 심한 경우 역시 소아과 진료를 통해 다른 위험 요인이 있지는 않은지 확인해 보는 것이 좋습니다.

위식도역류를 줄일 방법이 있나요?

합병증이 없는 영아기의 위식도역류에는 되도록 약을 사용하지 않습니다. 하지만 증상이 심한 경우 약 이외에 생활습관 변화를 시도해 볼 수 있습니다. 한 번에 먹는 양을 조금 줄이고 횟수를 늘리는 방법, 아이가 먹고 난 다음에 20~30분 동안 똑바

로 세워서 안고 있기 등을 해볼 수 있습니다. 아이를 엎드려서 눕혀 놓는 것은 역류를 줄일 수는 있지만 질식의 위험이 커지기 때문에 해서는 안 됩니다.

그 밖에도 역류를 줄여주는 특수 분유를 먹는다던가, 알레르기를 의심하여 우유 제한 식이를 시도해 본다던가, 심한 경우 약을 사용하는 등의 방법을 시도해 볼 수 있지만 이런 방법들은 전문적인 진료 이후에 고려되어야 합니다.

> 66
>
> 아이들을 키우다 보면 걱정되는 것도 많고, 궁금한 것도 참 많습니다. 첫 번째 아이라면 당연히 그렇고, 둘째, 셋째라도 아이들은 각자 다 다르기 때문에 계속해서 새로운 궁금증과 걱정이 생깁니다. 이 글이 그 수많은 걱정 중 하나는 해결해 드릴 수 있으면 좋겠습니다.
>
> 아이가 다른 증상이 없고 잘 크면서 돌 이전까지 있는 역류는 대부분 괜찮지만, 혹시 다른 질환을 걱정해야 할 증상이 동반되거나 증상이 심하면 소아과 진료가 필요하다는 것이 핵심입니다.
>
> 99

국제 최신
논문 기반의
육아 솔루션

수면과 영상 노출
가이드라인

국제 표준 수면 가이드

아이들이 처음 태어났을 때, 잘 자는 아이들은 정말 하루 종일 자는 듯이 보입니다. 그러다가 점점 수면 시간이 줄어들게 되고, 돌이 넘은 아이들은 12시간 이상 자기도 하고, 적은 경우 8~9시간 자기도 합니다.

적게 자는 것보다는 많이 자면 좋을 것 같기는 한데, 어느 정도 자면 충분히 잤다고 할 수 있을까요? 최근 미국 수면 학회AASM에서 업데이트한 적절한 나이별 수면 권장 시간을 소개합니다.

- **0~3개월** : 수면 시간이나 간격 등의 정상 범위가 너무 넓고, 다양해서 권고 사항을 정하기 어렵다.
- **4~12개월** : 낮잠을 포함해서 12~16시간의 수면 시간이 적절하다.

- **1~2세** : 낮잠을 포함해서 11~14시간의 수면 시간이 적절하다.
- **3~5세** : 낮잠을 포함해서 10~13시간의 수면 시간이 적절하다.
- **6~12세** : 9~12시간이 적절하다.
- **13~18세** : 8~10시간이 적절하다.

　논문의 내용은 간단합니다. 나이별로 위 범위 내의 수면 시간이 적절하다는 것입니다. 여러 연구에서 보면 적절한 수면 시간은 아이의 집중력, 학습능력, 기억력, 감정조절, 정신·신체 건강을 향상시키고, 반대로 수면이 이보다 부족하면 집중력, 학습능력 저하 등의 문제가 발생할 수 있습니다. 또 수면이 부족하면 장기적으로 고혈압, 비만, 당뇨, 우울증의 위험도 높아집니다.

　모든 아이는 너무나 다르고, 다양하기 때문에 육아에 있어서 절대적인 기준을 세우는 것은 무척 힘든 일인 것 같습니다. 실제로 기준을 세운다고 꼭 그렇게 되지 않는 경우가 더 많고요. 하지만 그래도 이런 객관적인 기준을 알고, 되도록 그 기준에 맞추도록 노력하는 것은 중요하다고 생각합니다. 아이의 수면 스케줄을 세우실 때 참고하시면 좋을 것 같습니다.

수면 교육과 수면 환경

아이들이 어릴 때는 아이가 잘 먹고, 잘 자고, 잘 싸면 그 자체로 아이에게 너무 고맙습니다. 하지만 이 중 하나만 잘 안되도 부모님께서는 많이 고민하게 됩니다. 수면과 관련된 문제는 가장 어려운 문제 중 하나입니다.

굉장히 일찍부터 밤새 통잠을 자고, 눕히기만 하면 바로 자는 굉장히 수월한 아이도 있지만, 수면과 관련해서 부모님을 힘들게 하는 아이도 많습니다. 특히 밤에 아이가 자주 깨거나 늦게 자는 경우는 부모님도 같이 수면 부족에 시달리게 되기 때문에 부모님이 신체적, 정신적으로 지치기 쉽습니다.

수면 교육을 해야 할까요?

아이를 재우는 시간, 총 자는 시간, 먹는 시간, 낮잠 시간 등을 조절하여 아이가 규칙적으로 먹고, 자는 '습관'을 들이는 교육을 보통 수면 교육이라고 합니다. 아이의 요구에 따라 먹이고, 재우다 보면 수면 습관도 자연스럽게 형성된다고 생각하는 사람도 있고, 적절한 가이드라인에 따라 수면 교육을 해야 좋은 수면 습관이 만들어진다고 생각하는 사람도 있습니다.

정답이 있는 것은 아니지만 저는 어느 정도의 수면 교육은 필요하다고 생각합니다. 일부 아주 수월한 아이 외 대부분은 부모님께서 수면과 먹는 것에 대한 기본 규칙을 가지고 아이의 습관을 형성해 나갈 때 좀 더 좋은 습관을 가지게 됩니다.

구체적인 수면 교육과 관련된 내용을 다 말씀드리기는 어렵고, 수면과 관련된 육아서들을 참고해서 각 가정의 상황과 아이의 성향을 고려하여 결정하시면 됩니다. 아이의 수면 교육과 관련된 부분을 결정할 때는 양육자들께서 서로 미리 충분히 대화를 하시는 것이 중요합니다. 충분히 상의해서 구체적인 규칙을 결정하지 않으면 수면 교육 과정에서 가족끼리 충돌이 생길 수밖에 없습니다(저와 배우자는『밤마다 꿀잠 자는 아기』를 가장 많이 참고하였습니다).

아이를 어떤 환경에서 재워야 할까요?

- **장소** : 수면 시간에는 조용하고, 어두운 환경의 유지가 숙면에 중요합니다. 아이가 어릴 때는 자는 동안 소리와 빛에 더 예민해서 작은 소리나 빛에도 쉽게 깹니다. 아이가 잘 때 밖에서도 최대한 조용히 하고, 방에 불빛이 많이 안 들어오도록 해야 합니다. 아침에도 목표로 하는 수면 시간까지는 최대한 방을 어둡게 하는 것이 좋습니다. 암막 커튼을 사용하는 것도 하나의 방법이 될 수 있습니다.
- **온도** : 간단하게는 어른이 생활할 때 얇은 옷을 입어도 적절한 정도면 아이에게도 좋습니다. 아이는 얇은 옷을 어른보다 한 겹 더 입거나 얇은 이불을 하나 더 덮는다고 생각하시면 됩니다. 우리나라 문화 특

성상 아이가 어릴 때 덥게 꽁꽁 싸매는 경우가 많습니다. 아이를 너무 덥게 하면 숙면을 취하기 어렵고, 땀띠 등이 수면을 방해하는 경우도 많습니다.

- **속싸개** : 태어나서 2~3개월 정도까지는 자다가 깜짝 놀라는 것처럼 움직여서 깨는 경우가 있습니다. 대부분 모로 반사가 남아 있기 때문인데, 이렇게 깨면 숙면에 방해가 되기 때문에 신생아 속싸개를 하는 경우가 많습니다. 신생아 속싸개 사용은 괜찮은데 중요한 것은 아이를 똑바로 눕혀 놓는 것입니다. 아이가 보챈다고 해서 옆으로, 또는 엎드려 눕혀 놓으면 질식의 위험이 높아집니다. 아이가 좀 불편해하고 보채도 며칠이면 적응하기 때문에 꼭 똑바로 눕혀서 재워야 합니다.

> 66
>
> '100일의 기적'이라는 말이 있습니다. 아이가 100일 정도 되면 그 이전보다는 잘 먹고, 잘 자서 훨씬 상황이 나아질 테니 조금만 더 힘내라는 의미로 많이 쓰입니다. 저도 첫째가 태어나고 100일을 손꼽아 기다리던 때가 생각납니다(다행히 100일의 기적이 왔습니다^^). 그만큼 아이들의 수면 문제는 부모님들에게 힘든 문제이고, 중요한 문제입니다.
> 수면 교육이 꼭 필요한지는 의견이 많이 갈리는 주제입니다. 그래도 아이가 수면 습관을 위해 부모님께서 공부하고, 상의해서 원칙을 가지고 수면 교육을 하시면 도움이 되리라 생각합니다.
>
> 99

미디어 노출 국제 가이드

아이에게 스마트폰이나 TV를 언제부터, 얼마나 보여줘야 할까요? 선배 부모나 여러 책, 블로그 등에서 수많은 의견을 제시하지만 어떤 것도 객관적인 내용이 아닌 것 같아 의문을 시원하게 해소시켜 주지는 못합니다.

최근 미국 소아과 학회에서 이 어려운 문제에 대한 가이드를 제시하였습니다. 지금까지 연구된 여러 논문과 자료를 바탕으로 최대한 과학적이고, 객관적인 가이드를 제시한 것이어서 절대적이라고까지는 할 수 없더라도 상당히 신뢰할 수 있는 내용입니다. 앞으로 수정될 부분도 많겠지만 처음으로 과학적인 연구를 토대로 한 가이드가 나왔다는 것에 큰 의미가 있습니다. 핵심 내용은 다음과 같습니다.

❶ 18~24개월 미만의 소아는 디지털 미디어를 피하는 것이 좋다(영상통화 제외).

➡ 이 논문의 가장 핵심적인 내용 중 하나입니다. 24개월 미만의 소아는 아직 어떤 내용을 상징화하고 기억하고 집중하는 능력이 부족하기 때문에 디지털 미디어로부터 제대로 정보를 받아들일 수 없습니다. 또 2D의 정보와 지식을 3D로 변환시켜서 받아들이는 능력도 부족하기 때문에, 이 시기에는 살아있는 사람이 같이 여러 가지 활동을 하며 교감을 나누는 것이 아이의 인지, 언어, 운동, 사회·감정 발달에 훨씬 더 중요합니다.

18~24개월의 소아에게 디지털 미디어를 꼭 보여주고 싶다면 고품질의 좋은 프로그램을 골라서 보여줄 수는 있지만, 어른이 꼭 같이 보면서 다시 설명하거나 가르치는 과정이 꼭 필요합니다. 이 시기의 아이가 혼자 디지털 미디어를 보게 하는 것은 좋지 않습니다.

사실 영상통화도 2D 이미지이기 때문에 이 시기의 아이가 이해하기 어려운 것은 마찬가지입니다. 그러나 영상통화는 시간이 길지 않고, 상대방과의 교감이 있고, 주로 다른 어른이 같이 하면서 상황을 설명해주는 경우가 많아서 괜찮다고 합니다. 아이들을 자주 못 보는 부모님이나 조부모님들께는 정말 좋은 소식이네요.

❷ 2~5세의 소아의 디지털 미디어 노출은 하루에 1시간 이내로 제한해야 한다.

➡ 2~5세의 소아가 고품질의, 해당 나이를 대상으로 한 프로그램을 되도록 어른이 같이 보면서 아이가 그 내용을 잘 이해하도록 도와주는 것이 좋습니다. 디지털 미디어를 보지 않는 것도 괜찮고, 보게 되더라도 1시간 이내로 제한하는 것은 꼭 필요합니다. 핵심은 연령에 맞는, 고품질의 프로그램을 보여줘야 한다는 점입니다. 아무 영상이나 틀어주는 것은 오히려 아이에게 해로울 수 있습니다. 고품질의 프로그램이라는 단어가 자주 나오는데요. 이 논문에서는 〈세서미 스트리트〉나 공영방송의 유아 프로그램들을 그 예로 들었습니다.

문제는 스마트폰 앱인데 대부분의 유아 교육용 앱들이 학문적인 내용이나 재미에만 초점이 맞춰져 있고, 실제 제대로 된 교육 전문가와 같이 개발한 앱들은 거의 없기 때문입니다. 잘 만들어진 좋은 앱은 도움이 될 수 있겠지만 그렇지 않은 앱들은 오히려 안 좋은 영향을 끼칠 수도 있습니다.

❸ 너무 빠른 속도로 전개되는 프로그램이나, 산만한 내용이 많은 앱, 폭력성 있는 것은 어떤 형태라도 모두 피한다.

❹ 사용하지 않는 TV나 다른 기기는 끈다.

❺ 기기를 아이를 진정시키거나 달래는 목적으로 사용하지 않는다.

➡ 아이들이 울거나 보챈다고 스마트폰이나 TV를 보여주는 것이 습관이 되면, 아이 스스로 감정을 다스리는 능력을 떨어뜨릴 수 있습니다.

❻ 수면 시간과 식사 시간, 부모와 아이의 노는 시간에는 부모와 아이 모두 전자 기기 사용을 금한다.

➡ 식사 시간에 디지털 미디어를 보여주는 것은 포만감을 잊게 할 수 있어서 안 좋은 식습관, 비만으로까지 이어지는 경우가 많습니다. 또 아이와 놀 때는 부모도 스마트폰 등의 전자 기기를 멀리하는 것이 아이의 교육에 좋습니다.

❼ 적어도 잠자기 1시간 전에는 전자 기기를 보지 않도록 해라.

➡ 잠자기 전에 디지털 미디어를 보는 것은 수면 시간을 줄이고, 수면의 질을 떨어뜨립니다.

이런 객관적인 가이드라인을 참고하시면 아이를 키우시는 데, 또 스마트폰과 TV에 대한 분명히 원칙을 세우는 데 도움이 될 것입니다.

영상 매체 사용 제한에 대하여

우리 아이에게 영상 매체 노출이 정말 안 좋은가요?

이 글을 읽으시는 부모님들은 어릴 때 TV를 많이 보셨나요? 제가 어릴 때만 해도 아직 케이블 TV도 없었고, 채널도 몇 개 없어서 그렇게 TV를 많이 보지는 않았던 것(못 했던 것) 같습니다. 몇몇 어린이 프로그램은 시간을 기다리면서 보기도 했지만 방송 시간 자체가 그리 길지는 않았으니까요.

그런데 요즘은 그때와는 환경이 많이 달라졌습니다. 스마트폰과 태블릿 PC 같은 기기의 사용도 늘고, 유튜브나 여러 스트리밍 서비스를 통해 쉽게 다양한 콘텐츠를 볼 수 있습니다. 자연스럽게 아이들도 영상 매체에 접근이 쉬워지고, 보는 시간도 늘어나고 있습니다. 또 하나 중요한 문제는 영상에 노출되는 시기가 점점 어려지고 있다는 것입니다.

이에 따라 영상 매체의 노출이 아이들에게, 특히 어린아이들에게 어떤 영향을 미칠지에 대한 관심이 늘고 있고, 전문가들은 과도한 영상 노출, 또 너무 이른 시기의 영상 노출은 언어 발달 지연, 수면 부족, 인지 기능 저하, 부모와의 친밀감 저하 등 아이들에게 안 좋은 영향을 끼칠 수 있다고 말합니다.

이를 바탕으로 미국 소아과 학회에서 영상 매체 사용 제한에 대한 가이드를 제시하며, 위험성에 대해 이야기했습니다. 앞에서 같이 살펴본 가이드가 처음 나왔을 때 우리나라의 언론에서도 이에 대한 기사를 다루었고, 개인적으로 저도 제 아이들에게 이 기준을 적용하고 있습니다.

핵심은 다음과 같습니다.

- 만 2세 미만의 소아는 되도록 영상 매체의 노출을 피하기를 권고한다.
- 만 2~5세의 소아는 영상 매체를 1시간 이내로 제한하면서, 나이에 맞는 좋은 프로그램을 부모와 함께 보는 것을 권고한다.

아이들에게 영상 매체의 노출을 제한하면 무엇이 좋은가요?

가장 권위 있는 소아 과학 학술지 중 하나인 『JAMA pediatrics』에 영상 매체 노출의 정도가 아이들의 발달에 미치는 영향을 객관적으로 연구한 논문이 최근에 발표되었습니다. 뇌 MRI 촬영을 통해 영상 매체 노출의 정도와 신경생물학적 연관성을 밝혀낸 첫 번째 논문이라 특별한 의미가 있습니다.

요약해 말씀드리면 69명의 3~5세 사이의 아이들을 대상으로 연구를 시행했고, 스크린큐ScreenQ survey라는 조사를 통해 아이가 쉽게 영상에 접근할 수 있는 환경에 있는지, 영상을 언제부터, 얼마나 자주, 오래 보는지, 어떤 종류의 영상을 보는지, 영상을 볼 때 보호자와 같이 보는지 등을 평가하여 점수를 매겼습니다. 그리고 아이의 나이에 따른 언어, 읽기, 쓰기, 이해력, 인지 능력 등을 평가하였고, 뇌 MRI 촬영을 통해 대뇌 백질 신경로의 미세구조 완전성의 차이 여부를 확인하였습니다.

결과는 예상대로 영상 매체 노출이 많을수록 인지 기능 점수가 낮고,

뇌 MRI에서 언어 기능, 실행 기능, 인지 기능과 연관 있는 대뇌 백질 신경로의 미세구조 완전성의 의미 있는 감소가 통계학적으로 유의하게 확인되었습니다(부모의 경제적인 수익을 같이 통계에 적용했을 때는 인지 기능 감소는 통계적으로 유의하지 못하지만, 뇌 MRI 결과는 이때도 유의한 결과를 보였습니다). 결론은 이른 시기의, 많은 영상 매체의 노출이 아이의 언어, 인지 기능 발달에 안 좋은 영향을 줄 수 있다는 것입니다.

이 연구는 영상 매체 노출의 정도와 인지 기능 점수, 뇌 MRI 결과를 단순 비교한 것이기 때문에 영상 매체 노출이 어떻게 인지 기능 발달을 방해하는지는 알 수 없습니다. 예를 들어 영상 매체를 많이 보느라 부모님이나 다른 사람들과 상호 관계가 부족해서 이런 결과가 있을 수도 있고, 영상을 보는 자체가 발달을 방해하는 것일 수도 있습니다.

하지만 영상 매체의 사용이 급격하게 늘고 있는 현 상황에서 지나친 영상 노출이 아이들의 언어, 인지 기능 발달에 안 좋은 영향을 줄 수 있는 가능성이 충분하고(특히 급격한 신경 발달의 시기인 어린아이들에게), 이에 대한 지속적인 관심과 연구가 필요하다고 논문에서는 말하고 있습니다.

이 결과에 대해서 어떻게 생각하시나요? 사실 이런 연구는 윤리적인 문제로(아이들을 대상으로 실험하기 때문에) 전향적이기 쉽지 않습니다. 뇌 MRI를 통한 구조적인 차이를 증명했다는 의의가 있어 아주 좋은 논문 저널에 실렸지만 이 주제에 대한 결론을 내리기에는 아직 많이 부족합니다. 표본 수도 적고, 제한점이 있으며, 장기적인 예후에 대한 내용도 없으니까요. 따라서 이 논문의 내용만 가지고 다른 사람을 비난하거나 섣부른 결론을 내는 것은 옳지 않습니다. 정확히 어떤 영향을 아이들에게 줄지는 사실 아직 모르는 것입니다.

하지만 나의 아이에게 어떻게 하는 것이 좋을까를 고민할 때는 다른 이야기입니다. 우리 아이에게 안 좋은 영향을 줄 수 있는 가능성이 있다면(게다가 이런 연구 결과까지 발표되고 있다면) 되도록 아이에게 좋은 방향을 제시하고 싶은 것이 부모의 마음이니까요.

> 66
>
> 요즘 시대에 아이들을 키우면서 영상 매체를 아예 보지 않게 하는 것은 쉽지 않습니다. 아이가 어릴 때는 그때의 이유가 있고, 좀 컸을 때는 또 그때의 이유가 있으니까요. 게다가 이미 아이가 영상 매체에 익숙해져 있다면 줄이거나 끊기는 더 쉽지 않습니다.
>
> 하지만 영상 매체를 제한하여 기대되는 이득이 있으면 부모님들께서 힘든 일을 할 이유가 생깁니다. 가이드라인이 있고 이에 맞추려고 노력하는 것은 무작정 제한하는 것에 비해 쉬운 일일 수도 있습니다. 이 글이 부모님께서 아이의 영상 노출에 대한 원칙을 정하시는 데 도움이 되면 좋겠습니다.
>
> 99

국제 최신
논문 기반의
육아 솔루션

신생아 종합 검사
가이드

대사이상 검사, 청력 검사

신생아가 태어나면 아이가 건강한지 여러 검사를 하게 됩니다. 아이의 기본적인 체온, 맥박, 호흡수부터 호흡 양상, 피부색, 활동성, 의식 상태까지 하나하나 확인하여 혹시라도 이상이 있는지 검사합니다. 그 이후에 선별검사라는 것을 하게 되는데, 신생아기에 치료가 늦으면 후에 치명적인 결과를 초래할 수 있는 것에 대해 미리 검사하는 것입니다.

우리나라에서는 발병률을 고려하여 꼭 필요한 검사는 나라에서 지원을 해주는데, 2018년부터는 광범위 선천성 대사이상 검사와 청력 검사도 무료 검사 대상에 포함되었습니다.

나머지 선별검사 넷 가지는 부모가 원하면 하고, 원하지 않으면 하지 않아도 되는 선택검사입니다.

선천성 대사이상 질환

선천성 대사이상 질환은 우리 몸의 생화학적인 대사 경로를 담당하는 효소의 결핍으로 발생합니다. 단백질, 지방, 탄수화물 등이 몸에 들어오면 여러 효소가 이 물질들을 분해해서 몸에서 필요한 물질이나 에너지로 만들고, 필요 없는 물질은 밖으로 내보내는 작용을 합니다. 그런데 선천성 대사이상 질환이 있으면 특정 효소에 문제가 생겨 더 이상 분해를 못 시키게 되고, 그 물질들이 몸에 축적되어 문제를 일으킵니다. 다양한 주요 장기에 축적되어 문제를 일으키지만 특히 뇌, 간, 신장 등의 장기에서 문제가 됩니다.

뭔가 무시무시한 질병 같지요? 무서운 질병이지만, 5백여 가지의 모든 선천성 대사이상 질환을 모두 합쳐도 발생률이 5천 명 중 1명 정도로 대부분의 사람은 평생 살면서 아이가 태어났을 때 이 검사를 선택할 때를 제외하고는 이 병 이름을 들을 일도 없습니다. 하지만 조기 발견이 중요한 질환이기 때문에 신생아 검사를 시행하고 있습니다.

대사이상 검사 결과에서 재검사가 나왔어요.

신생아실에서 일할 때 보니 대사이상 검사는 다른 검사들에 비해 재검사가 좀 많이 나오는 편이었습니다. 조금만 의심되어도 재검하고, 혈액량이 충분하지 않거나, 혈액이 변질된 경우도 있습니다. 따라서 두 번째 검사 결과가 나올 때까지 미리 걱정하실 필요는 없습니다.

신생아 청력 검사

통계적으로 보면 신생아 1천 명 중에 5명 정도 난청이 있다고 합니다. 0.5% 정도는 높은 수치는 아니라고 생각할 수도 있지만, 검사해야 하는 이유는 신생아 청력 장애가 발달 장애로 이어질 수 있기 때문입니다. 아이를 키워보신 분이라면 신생아 시기에는 정말 하루가 다르게 아이가 달라지는 것을 느끼셨을 텐데요. 이렇게 여러 자극을 통해 급격하게 발달해야 하는 시기에 청각 자극이 줄어들게 되면 언어, 지능을 포함한 발달이 늦어질 수밖에 없습니다. 소아과 교과서에서는 'Major impact on a child's development'라고 표현하고 있습니다. 신생아의 난청은 '발달에 아주 중대한 영향'을 미칠 수 있는 문제라는 것입니다.

이 검사가 더 중요한 이유는 난청을 찾아내서 생후 6개월 이전에 보청기 등 적절한 조치를 취하면 난청이 없는 신생아와 같은 수준의 발달이 가능(양쪽 귀에 아주 심한 난청이 있어서 교정이 어려운 드문 케이스 제외)하기 때문입니다. 일찍 발견하더라도 해결 방법이 없다면 일찍 검진하는 의미가 없겠지만, 이 경우처럼 해결 방법이 있는 경우에는 조기 발견이 매우 중요합니다.

미국 소아과 학회에서는 난청을 생후 3개월 전에는 발견하고, 적어도 생후 6개월 전까지는 적절한 조치를 할 것을 권고합니다. 이 검사도 대사이상 검사와 마찬가지로 재검이 나왔다고 미리 걱정할 필요는 없습니다. 다만 재검이 나왔다면 꼭 진료와 정밀검사를 시행해야 합니다.

신생아 시력 종합 검사

신생아 시력 종합 검사는 망막 모세포증, 선천성 백내장, 망막 이상 등의 질병을 조기에 검사할 수 있다고 하여 최근에 많이 시행하고 있는 검사입니다. 하지만 가격이 15만 원 전후인 선택검사이고, 산동제로 두 눈을 산동시킨 뒤 진행하기 때문에 아이가 힘들 수 있어 부모님은 검사를 꼭 해야 하는지 고민하게 됩니다.

미국 안과 학회에서 발표한 소아의 시력 검사에 관한 권고 가이드라인을 확인해 보았습니다.

신생아가 태어났을 때 눈의 전반적인 건강 상태와 양쪽 눈의 적색반사Red reflex는 꼭 확인할 것을 권고하고 있지만, 아직 산동까지 해서 하는 시력 종합 검사는 권고 사항에 포함되어 있지 않습니다. 그리고 적색반사에서 이상이 있는 경우에만 안과 전문의에게 의뢰하여 추가 검사를 할 것을 권고하고 있습니다.

또 미숙아여서 미숙아 망막병증이 있는 경우, 어릴 때 망막모세포종, 녹내장, 백내장이 있었던 가족이 있는 경우, 망막 이영양증, 망막 변성의 가족력이 있는 경우, 눈과 관련된 문제를 일으킬 수 있는 다른 질환, 신경 발달적 문제가 있는 경우, 안구에 불투명한 것이 있거나 안진증이 있는 경우는 안과 전문의의 진료를 보는 것이 필요합니다. 가족력이 없는 건강한 신생아라면 시력 종합 검사까지는 필요 없다는 것이 현재의 권고 사항입니다.

최근 논문에서는 신생아 시기보다는 오히려 3~5세 사이(3세 이하는 협조가 어렵기 때문)의 약시 또는 그의 위험인자 검진을 통해 약시의 진행을 예방하는 것의 중요성을 강조하고 있습니다.

물론 권고 사항에 들어가 있지 않다고 해서 필요 없는 검사라는 의미는 아닙니다. 검사 비용과 시간, 효율성 등을 고려하였을 때 아직은 신생아 전체를 대상으로 한 검진 권고 사항은 아니라는 것입니다. 산동제를 쓰는 것도 당시에 아기가 조금 힘들 수는 있으나 장기적인 영향을 미치는 것은 아니니까요. 아래의 기사를 보시면 시력 종합 검사에 대한 또다른 의견도 볼 수 있습니다.

> 우리나라에서 태어나는 신생아 4명 중 1명은 다양한 정도의 안과적 이상을 가지고 있는 것으로 확인됐다. (…) 김소영 과장은 "신생아를 대상으로 진행되는 안과 선별검사는 숙련된 의료진에 의해 실시할 수 있는 검사로, 안전하게 진행된다"며 "청력검사와 대사질환 검사가 모든 신생아에게서 일상적으로 진행되는 것과 달리 현재로써는 신생아 안과 검사의 비율이 낮은 것이 사실이다. 하지만 검사를 통해 발견되는 이상률만을 놓고 보면 안과 검사가 앞의 두 검사에 비해 훨씬 높은 것으로 확인되고 있는 만큼, 아이들의 건강을 위해 신생아 안과검사 비율을 높여나갈 필요가 있다"라고 강조했다.

이 기사에서는 기존 권고 사항보다는 시력 종합 검사의 중요성을 훨씬 강조하고 있습니다. 일반적인 적색검사로 선별하는 것과 신생아 종합 검사를 바로 하는 것의 구체적 차이에 대한 내용이 빠진 것이 좀 아

쉽습니다. 시력 종합 검사가 아직은 권고 사항이 아니지만 연구가 계속
된다면 권고 사항도 바뀔 수 있을 거라고 생각합니다.

> 66
>
> 신생아 시력 종합 검사는 일반적인 권고 사항에 포함된 필수 검사는 아
> 닙니다. 드물지만 중요한 선천성 안과질환 여부를 확인할 수 있고, 발
> 견한다면 치료할 수 있는 질환들도 있습니다. 이러한 장점과 시간, 비
> 용, 아이의 불편함 등의 단점을 고려하여 부모님들께서 선택하시면 됩
> 니다.
>
> 99

유전자 검사(유전체 검사, G스캐닝)

선별검사 중 가격이 꽤 비싸고 미리 생각해 놓지 않으면 굉장히 급하게 검사 여부를 결정해야 하는 유전자 검사에 대해 다루려고 합니다.

신생아 유전자 검사는 무엇인가요?

국내에서 현재 사용하고 있는 유전자 검사는 크게 4가지가 있습니다. G스캐닝 검사, 앙팡가드, 아이스크린, 베베진 검사입니다.

모두 검사 방법이 조금씩 다르기는 하지만 결국 신생아의 제대혈이나 발뒤꿈치에서 채혈한 혈액으로 지적장애, 발달 장애와 관련된 염색체 이상을 검사합니다. 특정 염색체 이상이 발견된다면, 특정 질환을 증상이 발현되기 전에 조기 발견하게 되고 이에 대해 미리 대처할 수 있습니다.

미국 소아과 학회에서 유전자 검사에 대한 권고 사항을 발표한 논문이 있습니다.

> 의무적으로 제공되는 신생아 선별검사를 권유한다. 단, 부모에게 이 검사의 장단점과, 검사에서 이상이 있으면 어떻게 진행되는지를 설명하고 부모가 동의한다면 진행해야 한다. 또, 부모가 검사를 거절할 수 있고, 정보를 제공한 뒤 검사하지 않은 것을 선택한 것이라면 그 선택을 존중해 주어야 한다.

이 유전자 검사에는 대사이상 검사와 미국에서 많이 발생하는 내분비, 혈액학적 질환에 대한 검사 등도 포함되어 있습니다.

이러한 검사가 신생아에게 필요하다는 것을 강조하면서도, 윤리적인 문제와도 연결된 유전자 검사라는 특성 때문에 개인의 선택에 중요성에 대해서도 강조하고 있습니다.

G스캐닝으로 확인 가능한 주요 질환

Monosomy1p36, 주버트 증후군, 탠디워커 증후군, 3q29 결실 증후군, 울프-허쉬호른 증후군, 리이거 증후군, 고양이 울음 증후군, 대뇌성 거인증, 자폐, Langer-Giedion 증후군, 9q34.3 결실 증후군, 디죠지 증후군2, 윌름 종양, potocki-shaffer 증후군, Jacobsen 증후군, 파타우 증후군, 엔젤안 증후군, 15q12 중복 증후군, 특발성 전신성 간질, 스미스 마제니스 증후군, 밀러 디커 증후군, 17p12 증후군, 에드워드 증후군, 알라질 증후군, 다운 증후군, 디 죠지 증후군, 묘안 증후군, 2q11.2 중복 증후군, 터너 증후군, 클라인펠터 증후군, 듀센형 근이영양증, 스테로이드설파타제 결핍증, 글리세롤키나아제 부족증, 칼만 증후군, 성 결정부위 Y, 무정자증

우리나라 선택 유전자 검사들은 DNA 복제수 변이와 관련된 지적장애, 발달 장애, 자폐장애 등의 조기 발견을 하기 위한 검사인데 이 검사에 대해서만 나와있는 가이드라인이나 지침은 아직 없으며, 그 유효성과 효과에 대해서도 아직 연구 중입니다. G스캐닝과 관련된 논문에서

보면 2만 명의 신생아를 검사했을 때 53명 정도에게 큰 염색체 문제가 있다고 합니다.

유전자 검사에서 확인되는 질환들은 대부분 발견되더라도 완치할 수 있는 질환은 아닙니다. 하지만 조기 발견하면 검사, 재활치료 등을 통해 더 나은 예후를 보일 수 있습니다. 이전에는 없던 간단하고 의미 있는 선별검사 방법이 개발된 것은 환영할 만한 일입니다. 하지만 검사를 통해 발견되는 이상률이 높지 않고, 검사 비용도 꽤 비싸기 때문에 모든 신생아에게 시행해야 하는 선별검사는 아니라고 생각됩니다.

모든 선별검사에 대해 "꼭 해야 합니다!" 혹은 "안 하셔도 됩니다"로 정확히 결론이 나면 좋을 텐데, "하는 것이 좋기는 하지만 필수는 아니니 부모님께서 선택하시면 됩니다"로 결론이 나게 되었지만, 기본적이고 객관적인 내용이 부모님의 판단에 조금이나마 도움이 되셨으면 좋겠습니다.

> 66
>
> 확실히 강조하고 싶은 부분은 국가 무료 검사는 정말 꼭 해야 하는 검사라는 점입니다. 반대로 무료로 해주지 않는 검사는(예산 문제 등으로 꼭 필요한 검사인데 아직 국가사업에 포함이 안 된 경우도 있지만) 하지 않는다고 해서 잘못한 것은 아닌 경우가 많습니다. 특히 신생아 선택검사는 더 그렇습니다. 상황과 생각에 따라서 잘 결정하시면 됩니다.
>
> 99

윌슨병 검사

윌슨병은 전 세계적으로 3~4만 명당 1명 정도 발생하는 드문 병입니다. 그런데 몇 년 전부터 신생아 대상 선택검사에 윌슨병 선별검사가 나오면서 윌슨병을 궁금해하시는 부모님들이 많아졌습니다.

윌슨병이란?

구리는 우리 몸에 필수적인 미네랄입니다. 거의 모든 음식에 포함되어 있어 대부분의 사람은 필요한 양보다 많은 구리를 섭취하게 되고, 필요한 양 이상의 구리는 대변이나 소변을 통해 몸 밖으로 배출합니다.

그런데 윌슨병은 이 구리를 배출하는 기능에 선천적인 이상이 있는 유전 질환입니다. 따라서 구리가 출생 시부터 간, 뇌, 각막 등에 축적되게 되고, 이것이 어느 정도 시간이 지나면 간염, 신경학적 증상, 정신과적 증상 등을 일으키게 됩니다.

윌슨병의 증상

간 수치 상승, 황달, 복통 등의 간염 증상이 가장 흔한 증상입니다. 윌슨병으로 진단받는 사람의 약 84% 정도가 간염을 가지고 있습니다. 간염이 발생하는 나이는 보통 10~20세 사이(평균 13세)이지만 드물게 5세 미만에서 발생하기도 합니다. 간염의 증상이 없다 하더라도 만 1세 이후의 소아에서 원인을 알 수 없는 간 수치 상승이 지속된다면 꼭 윌슨병에 대한 검사가 필요합니다.

걸음걸이 이상, 손떨림, 발음 장애, 인지 장애 등의 신경학적 증상이나 성격 변화, 우울증 등의 정신과적 증상이 나타나기도 합니다. 이런 증상은 15세 이후에 나타나는 경우가 많고 드물게 10세 이전에 나타나기도 합니다. 청소년기에 원인이 뚜렷하지 않은 신경학적 증상이나 정신과적 증상이 있을 때도 윌슨병에 대한 감별이 중요합니다.

윌슨병 조기진단의 중요성

조기진단이 중요한 이유는 증상이 적을 때 윌슨병이 진단될수록 예후가 좋기 때문입니다. 무증상 또는 경미한 증상은 대부분 치료의 반응이 좋으며 치료만 적절히 한다면 정상인과 다름없는 생활을 할 수 있고, 장기적인 예후도 매우 좋습니다. 늦게 발견된다면 신경학적 증상의 회복이 어렵거나 심한 간염으로 발전해 간 이식이 필요하게 될 수도 있습니다.

이러한 질병의 특징 때문에 윌슨병은 조기진단하는 것이 가장 좋지만 윌슨병의 조기진단은 쉽지 않습니다. 초기 단계에서는 증상이 많이 나타나지 않기 때문입니다. 따라서 의심되는 경우는 여러 가지 혈액검사, 소변검사, 간 조직 검사, 유전자 검사, 가족력, 안과 검사 등을 종합하여 신중한 진단이 필요합니다.

신생아 윌슨병 선별검사

증상이 있는 환자가 아닌 정상 신생아를 대상으로 하는 선별검사는 더욱 쉽지 않습니다. 여러 연구가 진행되었고, 계속 새로운 방법을 연구하고 있지만 현재까지의 결론은 아직 모든 신생아에게 일괄적으로 시행을 결정할 만한 정도의 검사는 없다는 것입니다. 가장 최근의 유럽 소아 소화기 영양 학회의 윌슨병 진료 치침에서도 신생아 선별검사를 권고하고 있지는 않습니다.

현재 우리나라에서 신생아를 대상으로 하는 검사는 한국인 윌슨병 환자에서 흔히 관찰되는 6가지 돌연변이를 선별검사하는 것입니다. 아이의 발뒤꿈치에서 채취한 소량의 피로 검사할 수 있고, 검사 비용도 많이 비싸지는 않다는 장점이 있지만 정확도가 떨어집니다.

검사 회사에서는 이 선별검사에서 돌연변이가 발견되지 않는다면 '다른 돌연변이에 의한 윌슨병의 가능성은 있지만, 그 비율이 3만 명 중 1명에서 7만2천 명 중 1명꼴로 매우 낮아짐, 윌슨병 보인자일 확률이 90:1에서 217:1로 매우 낮아짐'이라고 결과를 해석하고 있습니다.

윌슨병의 가족력이 있거나, 가족 중에 정확한 원인이 밝혀지지 않은 간질환 환자가 있었다면 검사를 해 보는 것이 확실히 이득이 있을 수는 있습니다. 하지만 그런 경우가 아니라면 비용, 질병의 유병률, 검사 정확도 등을 고려하면 아직은 효용성은 좀 떨어지는 것 같습니다(아이가 힘든 검사는 아니기 때문에 부모님이 원하셔서 시행하는 것은 당연히 괜찮습니다).

다른 검사 방법

윌슨병이 많이 걱정되신다면 만 3세 이후에 혈액검사를 통해 기본적인 간 수치 검사와 세룰로플라스민이라는 검사를 통해 윌슨병 검사를 시행하는 것도 좋은 방법입니다. 채혈 검사라는 단점이 있지만 90% 이상의 민감도를 보이는 검사이기 때문에 좋은 방법으로 생각할 수 있습니다. 채혈을 통한 유전자 검사는 윌슨병 의심 환자의 확진이나 윌슨병 환자의 무증상 가족이 하는 검사로는 매우 유용합니다. 하지만 윌슨병 진단을 위한 단독 검사로 사용되고 있지는 않습니다.

66

윌슨병은 드물지만 조기진단과 치료가 매우 중요한 질환입니다. 하지만 현재 시행 중인 신생아 윌슨병 선별검사는 아직 한계가 있고, 필수 검사가 아닙니다. 시행을 고려하시는 부모님께서 검사의 비용, 유용성, 정확도 등을 고려하셔서 결정하시면 됩니다.

다만 만 1세 이후에 원인 모를 간 수치 상승이 있거나, 청소년기에 원인 모를 신경학적, 정신과적 증상이 발생하는 경우는 채혈 검사를 포함한 여러 검사를 통해 윌슨병의 감별이 꼭 필요합니다.

99

제대혈 보관

제대혈cord blood은 분만 후 신생아로부터 분리된 탯줄과 태반에 남아 있는 혈액입니다. 이전에는 폐기되어 왔으나 최근에는 골수나 말초혈액에 비해 조혈모세포 및 조혈모세포 전구세포가 풍부하여 조혈모세포 이식 치료에 점점 많이 사용되고 있습니다. 또 이 제대혈을 난치성 질환의 세포치료에 이용하려는 많은 연구가 진행되고 있습니다.

제대혈 보관하는 것이 의미가 있나요?

백혈병, 악성 림프종, 다발성 골수종 등과 같은 혈액 종양 질병, 재생 불량성 빈혈, 선천성 면역 결핍증 같은 비악성 혈액질환에서 가장 핵심적인 치료는 조혈모세포 이식입니다. 조혈모세포 이식의 방법은 환자의 조혈모세포를 제거한 뒤 새로운 조혈모세포를 이식해 주는 것인데, 이때 환자와 잘 맞는, 부작용이 적을 공여자의 조혈모세포를 이용하는 것이 중요합니다.

제대혈은 골수 및 말초혈액 조혈모세포에 비해 채집도 용이하고, 이식편대숙주반응 등 부작용의 위험성도 낮기 때문에 조혈모세포 이식에 점점 많이 사용되고 있습니다. 현재도 사용이 늘고 있고, 앞으로 공여제대혈 은행이 늘어난다면 더 많이 사용될 것으로 예측됩니다.

제대혈 은행에도 종류가 있나요?

많은 사람에게 기증을 받아서 적합한 환자들에게 비혈연 이식을 위해 사용하는 기증제대혈 은행public cord blood bank이 있고, 계약에 의해 보관되었다가 계약자와 그 가족만이 사용하게 되는 가족제대혈 은행private cord blood bank이 있습니다.

그런데 제대혈 보관을 할지, 또 어떤 제대혈 은행에서 제대혈 보관을 할지 결정하는 부모님이 반드시 알아야 할 점은 혹시라도 아이가 백혈병에 걸렸을 때 본인의 제대혈은 사용하지 못한다는 점입니다. 백혈병이라면 이미 제대혈에도 암 전구세포가 있을 수 있기 때문입니다.

이 경우에는 제대혈로 조혈모 이식을 하더라도 다른 사람의 제대혈로 이식을 해야 합니다. 이런 경우를 제외한다면 10년간 자가제대혈 조혈모세포 이식이 필요할 가능성은 1/20,000~1/2,700 정도로 매우 희박합니다.

연구 중인 난치성 질환의 치료에 제대혈이 사용될 가능성도 있지만 아직까지는 실제로 사용하지 않습니다. 이러한 이유로 미국 소아과 학회와 산부인과 학회, 조혈모세포 이식 학회 등에서는 가족제대혈 은행을 통한 개인 보관보다는 기증제대혈 은행을 통한 공공 보관을 권유합니다.

기증제대혈 은행은 이식이 필요한 환자 누구라도 이용할 수 있는 공공 의료 시설이기 때문에 국가에서 운영하고 관리합니다. 우리나라에서도 2006년 서울특별시가 첫 대규모 지역 기반 공여제대혈 은행을 설립하였고 몇 군데의 기증제대혈 은행이 있지만 아직 가족제대혈 은행이 대부분입니다. 가장 큰 공여제대혈 은행인 서울특별시 제대혈 은행 홈페이지에 가보면 제대혈 기증과 관련된 여러 정보를 얻을 수 있습니다.

Q. 제대혈을 기증하려면 어떤 절차를 밟아야 하나요?

A. 산모께서 담당 의사에게 기증 의사를 밝히시거나 직접 기증제대혈 은행으로 연락하면 됩니다. 혹시 아기나 엄마에게 건강상 문제가 없는지 몇 가지 질문을 하고 제대혈 기증에 대해 자세히 설명을 들은 후 동의서와 문진 기록지를 작성합니다. 이후에는 산전 진찰 및 출산을 담당하는 병원과 제대혈 은행이 긴밀하게 협조하여 출산 시 제대혈을 기증받게 됩니다.

Q. 제대혈을 기증하려면 비용을 지불해야 하나요?

A. 제대혈 기증과 관련해서 기증자가 지불할 금액은 전혀 없습니다. 서울특별시 제대혈 은행의 제대혈 보관비용은 서울특별시와 보건복지부가 전액 지원합니다.

Q. 제대혈 기증에 동의하면 제대혈은 언제 채취하나요?

A. 아기가 태어난 후 태반과 탯줄도 엄마의 몸 밖으로 나오게 되는데 이때 아기를 받아주신 주치의 선생님께서 직접 채취해 주십니다. 따라서 아기에게서 혈액을 채취하는 것이 아니며 엄마에게는 감염성 질환의 검사를 위한 소량의 채혈 이외에는 어떤 의학적인 위험이나 부담도 없습니다.

Q. 제대혈을 기증하면 기증자에게는 어떤 이익이 있나요?

A. 첫째, 버려지는 탯줄 속 제대혈이 당신의 숭고한 뜻에 따라, 다른 사람의 생명을 구하는 생명줄과 귀중한 치료제로 변하게 됩니다.

둘째, 기증하신 제대혈의 안정성 평가를 위해 시행하는 감염성 질환 검사 결과(간염, 매독, 거대세포 바이러스)가 아기나 산모의 건강상태를 파악하는 데 도움이 될 수 있으므로 실시한 검사 결과는 제대혈의 저장여부와 함께 서면으로 통보합니다.

셋째, 제대혈을 기증한 아기가 서울 보라매병원을 방문하는 경우 9~12개월에 실시하는 B형 간염 항원/항체검사, 혈액형 검사, 빈혈검사를 무료로 시행해드립니다.

제대혈 보관을 꼭 해야 할까요?

제대혈이 사용되는 질환 자체가 발병 확률이 높거나, 제대혈이 없으면 치료가 안 되는 질환이 아니기 때문에 현재 개개인이 꼭 해야 하는 것은 아닙니다. 하지만 제대혈을 통한 조혈모세포 이식이 점점 늘고 있어서 사회 전체적으로는 많은 사람이 제대혈을 보관하는 것이 중요합니다.

예전에 혈액종양 파트에서 일할 때 백혈병이나 다른 혈액 질환을 앓고 있는 환아들이 조혈모세포 공여자를 구하지 못하거나, 공여자의 사정으로 이식이 갑자기 취소되는 경우를 보면 너무나 안타까웠습니다.

그 환아들은 완치의 가능성이 있었는데도 공여자를 제대로 찾지 못해서 완치되지 못하거나 치료가 늦어진 것이기 때문입니다.

제대혈은 공여자에게 위험이 없고, 잠재 공여자 수도 많고, 적절한 수여자가 나타났을 때 신속하게 이용할 수도 있고, 감염성 질환의 전파 위험성도 낮습니다. 따라서 제대혈 보관, 제대혈 기증의 중요성은 더 널리 알릴 필요가 있습니다.

가족제대혈 은행을 선택하는 것도 하나의 선택이 될 수 있습니다. 제대혈 보관기간(현재 15년) 이내에 본인이나 가족을 위해 제대혈이 사용될 확률이 낮기는 하지만, 필요한 질환에서는 가장 좋은 이식 방법이고, 또 현재 제대혈을 이용하여 연구되고 있는 난치병과 관련된 여러 연구들의 결과가 어떻게 나올지는 아직 모르기 때문입니다.

"영아급사증후군? 예방법이 있나요?"

영아급사증후군은 12개월 이하의 영아가 사망했는데, 부검이나 사망 당시의 상황, 병력 검토 등의 사후 검사 후에도 사망의 원인을 찾을 수 없는 경우를 말합니다. 보통 건강한 아이가 잠든 이후 사망 상태로 발견되었는데 그 사망의 원인을 찾을 수 없는 경우를 의미합니다. 영아급사증후군은 전체 비율의 95%가 6개월 미만에서 발생하고, 우리나라에서의 발생률은 1천 명 당 0.31명 정도로 추정되고 있습니다.

미국 소아과 학회 지침을 참고하여 꼭 지켜야 할 사항에 대해서만 알아보도록 하겠습니다. 이 방법대로 한다고 해서 100% 예방할 수는 없겠지만, 위험은 최대한 줄일 수 있습니다.

❶ 아이를 바닥에 등을 대고 똑바로 눕혀서 재워야 한다.

적어도 아이가 만 1살이 될 때까지는 똑바로 천정을 보게 하고 재워야 합니다. 가끔 아이가 역류가 있다고 옆으로 눕혀서 재우거나 엎어서 재우는 경우가 있는데, 반드시 똑바로 재워야 합니다. 정상적인 기도의 구조와 방어 기전을 가지고 있다면 자면서 발생하는 기도 흡인을 막아주기 때문입니다.

미국 소아과 학회와 북미 소아 소화기 영양 학회의 결론은 "역류가 있는 영아를 똑바로 눕혀서 재울 때 영아 돌연사 증후군의 위험을 줄여서 얻을 수 있는 이득이, 옆으로 또는 엎어서 재웠을 때 얻는 이득보다 훨씬 크다"입니다. 돌 전의 아이를 엎어 놓는 것은 아이가 깨어 있을 때만 해야 합니다. 기도에 구조적, 기능적 문제가 있어서 병원에서 엎어 놓는 것을 권유하는 경우만 예외입니다.

아이가 5~6개월이 지나서 앞뒤로 스스로 뒤집을 수 있게 되면 아이를 재울 때 똑바로 눕혀서 재우고 아이가 뒤집으면 그대로 두셔도 됩니다. 주변에 부드러운 이불 등이 없어야 하고, 시트를 깐다면 평평하게 해줘야 합니다.

❷ 단단한 요, 매트리스를 써야 한다.

아이를 재우는 요나 매트리스가 물렁물렁하지 않아야 하고, 그 위에 커버를 씌운다면 커버를 아주 평평하게 씌워야 합니다. 아이의 머리를 놓았다가 들었을 때 머리 자국이 나는 매트리스는 안 됩니다(따라서 부드러운 메모리폼 사용도 안 됩니다). 왜냐하면 아이가 구르거나 했을 때 숨이 막히게 될 수 있기 때문입니다.

또 주변에 전기선, 블라인드 끈, 아기 띠 등 아이를 혹시라도 숨막히게 할 수 있는 것들은 모두 치워야 합니다.

❸ 최소 6개월까지는 아이가 자는 공간은 따로 있는 것이 좋다.

1세 이전의 아이가 방을 따로 쓰는 것에 대해서는 아직 연구 중이지만 6개월 전까지는 되도록 부모와 같은 방을 쓰는 게 영아급사증후군 예방에 도움이 됩니다. 또 부모와 같은 침대를 쓰다가 사고가 나는 경우가 있으니 최소 6개월까지는 아이가 자는 공간을 따로 만들어 주는 것이 안전합니다.

❹ 아이의 자는 곳 주변에 베개, 푹신푹신한 장난감, 두툼한 이불 등의 푹신한 물건, 담요, 평평하지 않은 시트 등이 없게 해야 한다.

특히 아이가 뒤집을 수 있게 되면 이런 것들이 아이를 위험하게 할 수 있습니다.

❺ 임신 중과 아이 출산 후에 담배에 노출되지 않도록 해라.

연구 결과 담배에 노출되는 것은 영아급사증후군의 큰 원인 중 하나입니다.

❻ 임신 중과 아이 출산 후 술을 피해라.

임신 중의 음주가 아이에게 해로운 것은 물론이고, 아이가 어릴 때 술을 마시고 아이와 같이 자다가 사고가 나는 경우도 많습니다.

❼ 아이를 너무 덥게 하는 것을 피해라.

더운 것의 기준이 애매하기는 하지만 일반적으로 그 환경에 어른이 있을 때 적당한 정도의 복장에서 한 겹 이상의 옷은 더 입히지 말아야 합니다. 그 이상은 아이에게 너무 더운 환경이 됩니다. 특히 우리나라는 아이가 어릴 때 따뜻하게 해야한다는 생각이 너무 강해서 한여름에도 꽁꽁 싸매는 경우가 있는데, 그러면 아이가 너무 덥습니다.

❽ 임신 중인 산모는 산전 검사를 정확히 받아야 한다.

❾ 영아는 제때 예방접종을 잘 받아야 한다.

❿ 아이가 깨어 있을 때, 일정 시간 동안 아이를 엎어 두고 놀게 하는 것이 필요하다.

물론 어른들이 봐주고 있을 때의 이야기입니다. 계속 누워있게 하는 것보다 일정시간 동안 엎어서 놀게 하면 뒤통수가 너무 평평해지는 것을 예방하고, 어깨 운동도 되어 아이의 운동 발달에도 도움이 됩니다.

⓫ 아이를 얇은 이불로 감싸는 것은 영아급사증후군을 줄이는 데 도움이 되지 않는다.

아이가 어릴 때는 아이를 달래고 잘 자게 하려고 얇은 이불로 꽁꽁 싸매는 경우가 많습니다. 꽁꽁 싸매는 것 자체는 영아급사증후군의 위험을 늘리거나 줄이지는 않습니다. 단, 꽁꽁 싸맬 때는 반드시 똑바로 눕게 해야 합니다. 꽁꽁 싸맨 채로 아이를 엎어 두면 영아급사증후군의 위험이 크게 높아집니다.

"혹시 우리 아이가 사시일까요?"

사시는 양쪽 눈의 시선이 보려고 하는 물체를 향하지 않은 상태, 즉 한쪽 눈은 보려고 하는 물체를 향하고 있지만, 반대쪽 눈은 시선이 다른 곳에 가 있는 상태를 말합니다. 한쪽 눈이 안쪽으로 돌아가 있으면 내사시, 밖으로 돌아가 있으면 외사시, 위쪽으로 올라가 있으면 상사시, 아래로 내려가 있으면 하사시라고 합니다.

신생아 때는 안구 정렬 능력이 완전하지 않기 때문에 순간적으로 사시처럼 보일 수 있습니다. 대부분 생후 3~4개월이 되면 양안은 정상 위치가 되고, 물체를 볼 때 같이 움직이며 따라 보게 됩니다. 혹시 그 이후에도 눈동자의 위치가 정상이 아니라면 그때는 영아 사시를 의심해 봐야 합니다.

가성내사시가 의심되는 경우도 있습니다. 우리나라 아이들은 아이 때 대부분 코가 낮고, 눈과 눈 사이의 거리가 멀어서 눈 안쪽 흰자위가 눈 주변의 피부에 의해 가려지면 양안이 안쪽으로 몰려 있는 것처럼 보일 수 있습니다. 이 경우는 특별한 조치를 하지 않아도 크면서 자연스럽게 좋아지기 때문에 걱정 안 하셔도 됩니다. 하지만 가성내사시와 진짜 사시를 구별하는 것은 중요합니다.

병원에서 펜라이트를 이용한 간단한 검사를 쉽게 할 수 있습니다.

사시를 정확하게, 빨리 진단하는 것은 왜 중요할까요?

사시를 빨리 진단하면 사시를 교정, 치료할 수 있기 때문입니다. 사시의 원인은 근시, 원시, 근육 마비 등 너무나 다양한데, 각 원인을 정확히 알아낸 뒤 그에 맞는 치료를 하는 것이 중요합니다. 예를 들어 한쪽 눈의 시력이 너무 나빠서 생긴 사시의 경우 필요한 안경을 사용함과 동시에 시력이 좋은 눈을 가려서 시력이 나쁜 눈을 사용하게 하여 시력을 증진시켜야 합니다. 치료의 시작이 빠를수록 좋기 때문에 조기진단, 치료하는 것이 중요합니다.

" 소아과
의사 아빠가
속 시원하게
알려드립니다 "

Chapter 2

우리 아이,
잘 자라고
있나요?

국제 최신
논문 기반의
육아 솔루션

성장과 발달
가이드

2017년 소아청소년 성장도표와 사용법

부모님께서 아이를 키우면서 가장 궁금해하시는 것 중 하나가 우리 아이가 충분히 먹고, 건강하게 잘 자라고 있는 것인지입니다. 정확한 영양 상태 평가가 필요한 경우라면 신체 계측, 생화학평가, 영양섭취평가, 위험 요인평가 등 복합적인 평가가 필요하지만, 기본적으로 다른 문제가 없는 건강한 아이라면 신체 계측만으로 대략의 영양 평가는 가능합니다.

우리나라 보건복지부와 대한소아과학회에서 10년 간격으로 성장도표를 발표하고 있고, 가장 최근 버전이 '2017년 소아청소년 성장도표'입니다. 새로 발표된 성장도표의 가장 특징적인 점은 이전까지의 성장도표가 신체 계측의 평균을 산출하여 만든 참고치였던 것에 비해, 새 성장도표는 '어떻게 성장해야 하는가'의 표준치를 보여줌으로써 이상적인 성장 기준을 보여주는 것으로 바뀌었다는 것입니다.

소아청소년 성장도표 : 남자 0~35개월 체중 백분위수

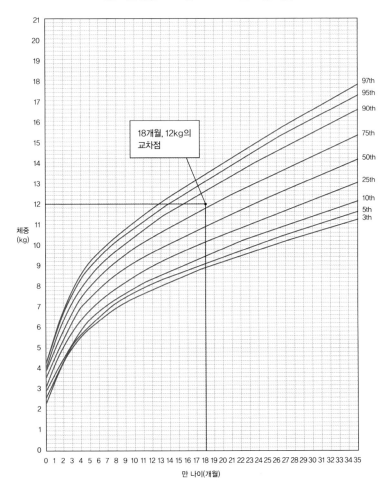

성장도표를 어떻게 활용하나요?

예를 들어 18개월 된 남아의 몸무게가 12kg이라면 왼쪽의 성장도표에서 18개월과 12kg의 교차점을 찾으면 75th와 90th 사이가 되게 됩니다. 그 사이를 4등분으로 나누어서 아래쪽 1/4이라면 아래 선에 쓰여있는 백분위(위의 예는 75th), 위쪽 1/4이라면 위쪽 선에 쓰여있는 백분위(위의 예는 90th), 그 사이는 그 사이(75~90th)라고 생각하시면 됩니다. 예시의 경우 몸무게 75백분위수입니다.

성장도표의 저체중, 저신장, 소두증, 과체중, 비만 선별기준

	0~2세		2~18세	
	성장도표	선별 기준	성장도표	선별 기준
저신장	연령별 신장	3백분위수 미만	연령별 신장	3백분위수 미만
소두증	연령별 머리둘레	3백분위수 미만		
저체중	연령별 체중	5백분위수 미만	연령별 체중	5백분위수 미만
과체중	신장별 체중	95백분위수 이상	연령별 체질량지수	85백분위수 이상이면서 95백분위수 미만
비만		-	연령별 체질량지수	95백분위수 이상

각 나이별로 키, 몸무게, 두위를 확인하여 선별 기준에 들어간다면 저신장, 소두증, 저체중, 과체중, 비만에 대한 진료, 검사, 추적관찰이 필요할 수 있습니다. 하지만 한 번의 측정 결과보다는 반복적인 계측(1세 미만은 매달, 이후에는 3~6개월 간격)을 통한 성장의 추세를 확인하는 것이 더 중요합니다.

간편한 성장도표 사용법

부록에 2017년 소아청소년 성장도표를 수록하였지
만, 옆의 큐알 코드로 질병관리청에서 제공하는 '성장
상태 측정 계산기'에 접속해 간편하게 우리 아이 성장
상태를 확인할 수 있습니다. 간단히 입력하면 도표로
도 보여주고, 백분위수도 한눈에 확인할 수 있습니다.

웹으로 질병관리청 홈페이지에 접속해서 '소아청소년 성장도표'를
검색하고, 맨 위의 '소아청소년성장도표'를 클릭하면, 소아성장도표 전
체 다운로드가 가능합니다. 우리 아이의 성장을 꼭 체크해보세요.

모유 수유아와 분유 수유아의 차이

아이가 1세 미만일 때 모유 수유를 하는 아이와 분유 수유를 하는 아
이는 몸무게의 증가 양상이 조금 다릅니다. 모유 수유를 하는 아이는 첫
3~4개월은 몸무게가 더 빨리 늘고, 이후에는 상대적으로 덜 느는 경향
이 있습니다.

이전 성장도표는 모유 수유아와 분유 수유아 모두의 신체 계측 결과
로 만들었기 때문에 모유 수유하는 아이의 부모님들께서는 6개월 이후
아이의 성장이 느려진다고 걱정하시는 경우가 많았습니다. 아이가 4개
월에는 성장도표에서 90백분위였는데 10개월에는 50백분위가 된다면
걱정이 될 수도 있겠지요. 그러나 이는 모유 수유하는 아이의 특성이지

성장 저하가 아닙니다.

2017년 성장도표는 오히려 모유 수유를 하는 아이의 표준치로 만들어졌기 때문에 분유 수유하는 아이의 부모님께서는 첫 6개월 정도에 몸무게가 덜 느는 것처럼 생각하실 수도 있습니다. 하지만 이것은 분유 수유아의 특징이고, 대부분 돌 전에 따라잡습니다.

그 밖에 알고 있어야 할 것

- 만 2세까지는 누운 키를 사용한 결과로 표준치를 만들었기 때문에 누워서 잰 키로 성장도표에 대입해야 합니다.
- 이전까지는 '연령별 체질량지수 95백분위수 이상'이거나 'BMI 25kg/m² 이상'을 비만의 기준으로 삼았으나 이제 '연령별 체질량지수 95백분위수 이상'만 비만의 기준으로 사용하기로 하였습니다.

> 66
>
> 규칙적인 키, 몸무게의 측정은 아이의 성장을 알 수 있는 가장 간단하면서도 좋은 방법입니다. 오늘부터라도 아이의 성장을 체크해 보세요.
>
> 99

우리 아이 발달 평가

성장과 발달

보통 아이가 잘 먹고, 키가 잘 크고, 몸무게가 잘 늘면 잘 자라고 있다고 말합니다. 이와 같은 성장도 중요하지만 발달도 매우 중요합니다. 성장growth은 키, 체중 등 양적으로 측정할 수 있는 것이 증가하는 것을 말하고, 발달development은 기능적인 발전 과정을 말합니다. 즉 발달은 언어, 운동, 학습 능력, 사회성 등의 변화를 말합니다. 둘은 밀접한 연관성이 있습니다. 둘 중 하나가 부족하면 다른 하나에도 영향을 줄 수 있기 때문입니다.

소아에서 흔한 발달 장애

발달 장애	빈도 (1천명 당)
주의력결핍과잉행동장애	150
학습 장애	75
행동장애	60~130
지적장애	25
뇌성마비	2~3
청각장애	0.8~2.0
시각장애	0.3~0.6
자폐장애	3~4

발달 선별 평가의 중요성

발달 장애는 상당히 포괄적인 개념입니다. 뇌성마비, 지적장애, 자폐장애와 같은 심각한 질환부터 학습 장애, 주의력결핍과잉행동장애 같은 상대적으로 덜 심각한 문제도 포함합니다. 뇌성마비, 자폐장애 같은 경우는 발생빈도가 0.5% 미만으로 매우 낮지만 학습 장애, 주의력결핍과잉행동장애까지 다 포함하면 발달 장애의 발생빈도는 5% 정도 됩니다.

발달 문제를 초기에 발견하는 것이 중요한 이유는 조기에 발견하여 적절한 재활 치료, 교육 등의 적극적인 치료를 시작한다면 예후에 큰 영향을 주기 때문입니다. 특히 영유아 시기의 뇌는 여러 자극과 치료에 반응이 활발한 시기이기 때문에 일찍 발견할수록 효과가 더욱 큽니다.

발달 평가

아이의 발달 상태를 정확히 판단하기 위해서는 자세한 병력 청취, 신체 진찰, 운동 반응 평가, 신경학적 진찰, 발달 검사 등이 필요합니다. 전문가가 노력과 시간을 들여야 정확한 평가를 할 수 있기 때문에 모든 아이를 검사하기는 현실적으로 어렵습니다. 따라서 상대적으로 간단한 선별검사를 먼저 많이 사용합니다. 여기서 이상 소견이 나오면 정밀검사를 받는 것이지요.

우리나라에서는 '한국 영유아 발달선별검사(K-DST)'를 사용하고 있는데 영유아 검사의 설문지에 포함되어 있습니다. 정밀검사만큼은 아니더라도 선별검사로는 상당히 높은 신뢰도와 타당성을 가지는 간단하면서도 의미 있는 검사라고 할 수 있습니다.

한 가지 알고 계셔야 할 것은 발달 문제는 연속된 과정이라는 것입니다. 예를 들어 초기에는 일부 발달이 좀 지연되어 있다가 시간이 지나면서 따라잡기도 하고, 어떤 경우는 아이가 성장하면서 문제가 발생하기도 합니다. 따라서 한 번의 검사보다는 지속적으로 검사를 시행하여 변화하는 과정을 확인하는 것이 중요합니다.

검사 내용

한국 영유아 발달선별검사는 생후 4개월부터 71개월 사이의 영유아를 대상으로 개발된 검사입니다. 연령에 따라 2~6개월 간격으로 구성되어 있고, 각 영역은 대근육운동, 소근육운동, 인지, 언어, 사회성, 자조 영역으로 나누어져 있습니다.

집에서 발달선별검사를 통해 발달 평가를 해보려면 질병관리청 홈페이지에서 '한국 영유아 발달선별검사'를 검색하고, 한국 영유아 발달선별검사 개정판 사용지침서에서 월령별 문항 및 결과지를 받을 수 있습니다.

영유아 검진은 총 7번을 하게 되기 때문에 K-DST의 20번보다는 검사 횟수가 적습니다. 아이의 발달에 문제가 없다면 영유아 검진을 열심히 하는 것으로 충분하지만 혹시 지연이 의심되는 항목이 있는 경우는 따로 집에서 더 자주 검사를 해보시는 것이 좋습니다.

검사에서 이상 소견이 나오면 어떻게 해야 하나요?

검사 결과에서 절단점 가, 나, 다를 기준으로 다 이상은 '빠른 수준', 나~다 사이는 '또래 수준', 가~나 사이는 '추적검사요망', 가 미만은 '심화평가권고'입니다. '추적검사요망'은 발달 지연의 경계로 다음 검진 전까지 해당 영역을 발달 과정을 보호자가 더 정밀하게 관찰 후 재검사를 해야 합니다. 상황에 따라서는 이 단계에서도 심화평가를 받아 보는 것을 권고할 수 있습니다. '심화평가권고'는 반드시 정밀 평가를 받아봐야 합니다. 대학병원마다 소아 발달 평가를 담당하는 부서가 다를 수 있습니다. 보통 소아청소년과 신경분과, 소아 재활의학과, 소아 정신건강의학과에서 담당하는 경우가 많으니 홈페이지 등을 통해 미리 확인 후 진료를 보셔야 합니다.

영유아 발달선별검사는 선별검사입니다. '심화평가권고'가 나왔다고 해서 미리 너무 걱정하실 것은 아니지만, 반드시 정밀검사를 받아보셔야 합니다.

검사 결과 요약

분류 영역	1	2	3	4	5	6	7	8	총점	절단점		
										가	나	다
대근육운동										15	19	24
소근육운동										12	17	23
인지										10	16	23
언어										9	18	24
사회성										11	17	24
자조										10	15	23

> 아이들의 성장만큼 발달도 중요합니다. 영유아 건강검진과 한국 영유아 발달선별검사를 통해 우리 아이의 발달 상태를 잘 평가하고, 혹시 발달 지연이 의심된다면 늦지 않게 적절한 검사와 치료를 받는 것이 필요합니다.

잘 먹고 통통한 아이와 소아 비만

소아 비만 바로 알기

소아 비만은 전 세계적으로 심각한 건강 문제로 빠른 속도로 증가하고 있습니다. 우리나라에서도 서구적인 식습관으로의 변화, 자동차 이용 증가, TV 시청과 컴퓨터 사용의 증가 등으로 인한 운동량의 저하로 소아 비만이 급속도로 증가하고 있습니다. 현재 소아청소년의 과체중은 5명 중 1명, 비만은 10명 중 1명 정도로 점점 증가하는 추세입니다. 특히 코로나19로 사회적 거리두기가 1년 이상 이어지면서 아이들의 활동량이 크게 줄어든 것도 문제입니다. 소아청소년 비만은 대다수가 성인 비만으로 이어지고, 다양한 합병증과 우울감, 과잉행동 등으로 이어질 수 있어 부모님들께서 심각하게 받아들일 필요가 있습니다. 미국은 32%의 소아가 과체중 또는 비만이라는 통계도 있습니다.

소아 비만이 왜 중요할까요?

어릴 때는 잘 먹고 통통해야 크면서 키로 간다는 말도 있고, 잘 먹는 것이 잘 안 먹는 것보다는 훨씬 나은 것 같기도 합니다. 소아 비만이 중요한 이유는 소아청소년 시기에 비만인 아이가 성인이 되어서도 비만일 확률이 5배 이상 높기 때문입니다. 실제로 하버드대 성장 연구팀의 연구에서 소아청소년기에 비만인 아이가 성인이 되었을 때 심혈관질환으로 사망하는 경우가 2배 이상 높은 것이 확인되었습니다. 단순히 통통한 정도가 아니고 소아 비만 정도로 살이 찐 경우는 크면서도 살이 빠지지 않을 가능성이 크고, 심혈관질환의 위험도 높아지는 것입니다.

소아 비만은 부모님의 영향을 많이 받습니다. 특히 아이가 어릴 때는 주로 부모님이 주는 것을 먹고, 부모님과 같이 생활하는 시간이 많아서 부모님의 식습관이나 생활습관이 아이에게 그대로 영향을 미칩니다. 결국 소아 비만을 해결하려면 부모님들께서 소아 비만에 대해 잘 아는 것이 매우 중요합니다.

소아 비만은 어떻게 확인할 수 있을까요?

소아 비만은 만 2세가 지난 후 체질량지수body mass index: BMI로 확인하는 것이 가장 적합합니다. 체질량지수는 체중을 신장의 제곱으로 나눈 것으로 피하지방, 체지방과의 상관성이 높습니다. 이 책의 86쪽에 수록된 큐알 코드로 접속하여 질병관리청에서 제공하는 '성장상태 측정 계산기'를 통해 쉽게 BMI와 백분위수를 확인할 수 있습니다.

우리 아이가 단지 잘 먹고, 좀 통통한 것이 아니라 소아 비만일 수도 있다는 것을 인식하는 것이 중요합니다. 부모가 우리 아이가 소아 비만이라는 것을 인식하고 식습관 조절과 운동 등을 신경쓰는 것과 중요하게 생각하지 않는 것은 아이에게는 너무 큰 차이니까요.

연령별 체질량지수 표에서 체질량지수가 85~95 백분위수 사이라면 과체중, 95백분위수 이상이라면 비만, 99백분위수 이상이라면 고도비만에 해당합니다. 예상하시던 것과 비슷한 결과이신가요? 아니면 생각보다 높은 백분위수가 나왔나요?

일단은 우리 아이가 과체중 또는 비만의 기준에 들어가는지를 정확히 아는 것이 가장 우선입니다. 이것을 정확히 알아야 좀 더 적극적인 검사나 식습관, 생활습관 개선, 운동 등이 필요한지, 얼마나 필요한지를 결정할 수 있기 때문입니다.

"아이가 통통해서 복스럽고 좋네~ 나중에 다 키로 가니까 걱정 마."

예전에는 어른들께서 아이는 좀 살이 찐 것이 더 좋고, 나중에 다 키로 간다는 말들을 많이 하셨습니다. 하지만 지금은 소아 비만이 소아청소년 시기의 가장 걱정되는 심각한 건강 문제 중 하나입니다.

아이가 과체중 또는 비만의 기준에 들어간다면 부모님께서 좀 더 심각하게 받아들이고 되도록 이른 시기에 적극적으로 해결하시려는 자세가 필요합니다.

소아 비만 해결 가이드
① 식습관 개선

"저도 아이가 걱정되어서 살을 빼게 하려고 해봤지만 어디서부터, 어떻게 해야 할지를 모르겠어요. 어른처럼 무조건 다이어트를 시킬 수도 없고, 운동을 시키는 것도 힘들고… 어떻게 해야 될까요?"

외래에서 아이가 소아 비만의 기준에 들어가기 때문에 체중 조절을 해야 한다고 말씀드리면 많은 부모님이 이렇게 물어보십니다. 다이어트는 결국 운동, 식습관, 생활습관 개선입니다. 간단해 보여도 이 세 가지를 잘하기는 굉장히 힘듭니다. 아이들은 성장기여서 심한 식이 제한을 할 수 없고, 가능한 운동의 종류에도 한계가 있어서 더 어렵습니다.

따라서 조급한 마음으로 단기간에 살을 빼는 것이 아니라 장기적인 해결을 목표로 운동, 식습관, 생활습관을 조금씩 개선해 나가는 것이 중요합니다. 아이의 경우 아주 심한 비만을 제외하고는 현재 몸무게를 유지하면서 키가 자라서 체질량지수가 정상 범위 내에 도달하게 하는 것이 가장 이상적인 체중 조절의 방법입니다.

습관의 개선은 특히 나이가 어릴수록 쉽고, 오래될수록 고치기가 더 어렵습니다. 또 습관의 개선에는 가족 전체의 도움이 필요합니다. 그에 필요한 세 가지 운동, 식습관 개선, 생활습관 개선 중 식습관 개선에 관한 이야기를 먼저 해보겠습니다.

식습관 개선

실제로 식습관을 바꾸는 것은 굉장히 어려운 일입니다. 특히 소아 비만인 아이들은 굉장히 오랜 기간 안 좋은 식습관이 형성되어 있는 경우가 많아서 이를 단기간에 고치는 것은 거의 불가능합니다. 너무 급하게 식습관을 바꾸게 되면 아이와 부모님의 갈등이 매우 심해지거나, 아이가 큰 스트레스를 받기도 합니다. 따라서 모든 식습관을 한꺼번에 바꾸기보다는 가장 효과적인 것부터 하나씩 고쳐나가는 것이 방법이 현실적이고 효과적입니다.

소아 비만 가이드라인으로, 여러 연구를 통해 소아에서 체질량지수 감소에 가장 효과적인 4가지 방법을 제시한 내용을 소개합니다.

직접 외래를 볼 때도 무조건 음식을 적게 먹거나 살찌는 음식을 먹지 말라고 하기보다는 아이들과 부모님께 이유를 잘 설명해 주면서 일단 이것만이라도 꼭 지키자고 이야기하면 그래도 아이들이 훨씬 잘 받아들이고, 노력하는 모습을 보여주는 경우가 많습니다(물론 그래도 많은 시간과 노력이 필요하지만요).

❶ **가당 음료를 줄일 것** : 아이들이 좋아하는 어린이 주스, 탄산음료, 여러 맛의 우유 등 가당 음료sugar-sweetened beverage는 되도록 먹지 않아야 합니다. 저는 아예 먹지 말라고 권유합니다. 특별한 경우가 아니라면 음료수는 물과 저지방 우유만 먹는 것이 좋습니다.

➡ 음료수 자체가 생각보다 굉장히 칼로리가 높고, 아이가 습관적으로 굉장히 많은 양을 매일 먹는 경우가 많습니다. 소아 비만인 아

이 중에는 음료수를 많이 먹고 있는 아이들이 많고, 실제로 음료수를 줄이는 것만으로도 아이들의 체질량지수가 감소하는 경우도 많습니다.

이 방법이 생각보다 굉장히 효과적인데, 아이들이 밥을 적게 먹는 것에 비해서 음료수를 안 먹는 것은 훨씬 수월하게 생각하고 잘 따르기 때문입니다.

❷ **총 칼로리를 줄이는 것에 집중** : 다이어트에는 수없이 많은 방법이 있습니다. 탄수화물이나 지방을 적게 먹는 방법, GI 지수가 낮은 음식 위주의 식단, 밥 천천히 먹기, 아침밥을 꼭 먹는 것을 추천하는 사람도 있습니다. 모두 당연히 어느 정도 효과가 있지만 연구 결과에 따르면 일단 총 칼로리를 줄이는 것이 가장 효과적입니다. 먹는 양은 어느 정도 유지하면서 가급적 칼로리가 낮은 음식을 먹게 하는 것이 수월합니다.

➡ 배고픈 아이에게 음식을 적게 주는 것은 심한 스트레스를 동반해 장기적으로 유지하기 어려운 경우가 많습니다. 하지만 저칼로리인 음식을 충분하게 주는 방법은 아이의 거부감이 상대적으로 적습니다.

이때 한 가지 중요한 것은 부모님도 같이 식단을 바꿔 나가는 것입니다. 부모님은 그대로 드시면서 아이에게만 식단의 변화를 요구하면 절대 성공할 수 없습니다. 아이 식습관의 변화에는 부모님의 도움이 가장 중요합니다.

❸ **패스트푸드를 포함한 고열량 음식의 섭취를 줄일 것** : 두 번째 내용과 겹치지만 패스트푸드를 줄이는 것 자체가 중요하기 때문에 한 번 더 강조합

니다. 피자, 햄버거, 치킨, 분식 등은 굉장히 고열량의 음식입니다. 이런 음식들을 일상적으로 먹는 경우가 많습니다. 처음부터 이런 음식은 먹지 않도록 강조하고, 최소한으로 먹게 하는 것이 체중 조절에 효과적입니다.

❹ **작은 그릇, 접시를 사용할 것** : 집에서 아이가 주로 쓰는 그릇을 작은 것으로 바꾸는 것도 하나의 방법입니다. 연구에 따르면 큰 그릇을 사용할수록 더 많은 칼로리를 섭취하는 경우가 많고, 그릇을 작은 것으로 바꾸는 것만으로도 더 적은 양의 음식을 먹게 된다고 합니다.

➡ 아이가 배고파하면 밥이나 음식을 더 주더라도 일단은 작은 그릇으로 먹게 하는 것이 장기적으로 더 적은 양을 먹고, 그런 습관을 갖게 하는데 도움이 될 수 있습니다.

> 66
>
> 소아 비만은 빠르게 증가하고, 점점 많은 문제를 일으키고 있습니다. 나중에 나이가 들었을 때 성인병의 위험이 느는 것뿐만이 아니라 심한 경우 소아 시기에도 벌써 고혈압, 당뇨, 고지혈증, 간염, 간경화 등의 문제가 발생하기도 합니다.
>
> 부모님께서 이 문제를 충분히 심각하게 인식하고 빠른 시기에 여러 습관들을 개선하여 소아 비만을 해결하려고 노력하는 자세가 중요하고 필요합니다. 막연하게 적게 먹고 운동하라고 하는 것보다는 증명된 가장 효과적인 방법으로 하나씩 고쳐나가면 더 도움이 될 수 있습니다.
>
> 99

소아 비만 해결 가이드
② 운동

"운동을 해야 하는 것은 알겠는데, 살을 빼는 데는 어떤 운동을 하는 것이 좋나요? 일주일에 몇 번이나 해야 할까요? 아이가 운동을 안 하려고 하는데 어떻게 해야 하나요?"

이 역시 외래에서 부모님들께 자주 듣는 질문입니다. 이번에는 운동의 종류, 강도, 시간에 대해 상세히 다뤄보고자 합니다.

운동 종류

체중을 감소하려면 유산소 운동을 해야 합니다. 물론 근육 운동을 통해 근육량을 늘리는 것이 기초대사량을 늘려 장기적인 체중 감소에 도움이 되지만, 유산소 운동이 우선입니다. 아이의 호흡과 심박수가 지속적으로 증가할 정도라면 어떤 운동이라도 상관없습니다. 빠르게 걷기, 수영, 인라인스케이팅, 축구, 농구, 술래잡기, 줄넘기, 자전거, 댄스 다 좋습니다.

운동 중에서 아이가 흥미를 가지고 지속적으로 할 수 있는 운동을 찾는 것이 중요합니다. 아이가 재미있어 하고, 친구들과 같이 하는 운동이라면 더 좋습니다.

운동 강도

유산소 운동의 강도는 크게 2가지로 나눌 수 있습니다.

가벼운 운동Moderate exercise은 호흡과 심박수가 약간 증가하는 정도의 운동으로, 운동하면서 대화는 가능하지만 노래 부르는 것을 힘든 정도를 의미합니다. 빠르게 걷기, 가볍게 자전거 타기, 여러 구기 종목 연습하기 등이 여기에 해당합니다.

격렬한 운동Vigorous exercise은 운동하면서 대화하기도 힘들고, 노래 부르는 것은 불가능한 정도의 운동을 의미합니다. 빠르게 뛰기, 수영, 줄넘기, 인라인스케이팅, 구기 종목 경기를 실제로 하는 것 등이 여기에 해당합니다.

운동 시간

운동 시간은 어떤 강도의 운동을 하느냐에 따라서 달라집니다. 가벼운 운동을 하면 당연히 더 횟수를 늘려야 하며, 격렬한 운동은 상대적으로 적은 횟수로도 같은 효과를 얻을 수 있습니다.

가벼운 운동은 한 번에 적어도 20분 이상(60분 목표), 일주일에 5번을 목표로 삼아야 합니다. 격렬한 운동은 같은 시간으로 일주일에 3번 이상을 목표로 하면 됩니다.

효과적인 두 가지 방법

부모님께서는 혹시 규칙적으로 하는 운동이 있으신가요? 아무래도 바쁘고, 시간도 없어서 규칙적으로는 운동을 못 하시는 분이 많을 것입니다. 외래에서 보면 소아 비만인 아이들도 특별한 운동을 하지 않는 경우가 많습니다. 아이가 운동을 싫어하기도 하고 청소년은 학업 등의 이유로 따로 시간을 내기 어렵기도 합니다.

따라서 아이들에게 소아 비만이라고, 비만 관련 합병증이 발생했다고 운동을 권유해도 실제로 운동을 하게 하는 것은 굉장히 어려운 일입니다. 운동을 지속하게 하는 것은 더 어렵습니다.

"이번 달에는 운동은 좀 했나요?"

"아니요. 몇 번 못했어요….."

병원에서도 이런 대화가 오가기 쉽습니다. 그렇다면 어떻게 해야 할까요? 논문에서는 2가지 방법을 권유합니다.

첫 번째는 운동 전문가와 함께 운동하게 하는 것입니다.

아이가 배울 수 있는 수영, 스케이트, 구기 종목 등의 운동을 전문가와 함께 하는 것이 가장 효과적입니다. 아무래도 새로운 운동을 전문가와 함께 하면 체계적으로 배울 수 있고, 흥미를 유발할 수 있습니다. 중요한 것은 유산소 운동, 즉 호흡수와 맥박수가 빨라지는 운동이어야 한다는 것입니다. 너무 정적이거나 쉬는 시간이 많은 운동은 체중 감소 효과가 떨어질 수 있습니다. 청소년이라면 헬스를 전문가나 경험자의 도움을 받아 체계적으로 하는 것도 효과적일 수 있습니다.

두 번째 방법은 가족과 함께 운동을 하는 것입니다.

아이가 어릴수록 가장 실질적이고, 효과적인 방법입니다. 부모님께서 시간을 내서 일주일에 5회 이상 짧은 시간이라도 빠르게 걷는 등의 유산소 운동을 같이 하는 것이 가장 좋습니다. 아이도 좀 더 즐겁게 운동을 할 수 있고, 꾸준한 운동에도 효과적입니다. 실제로 연구 결과를 보면 아이가 부모님과 같이 운동, 식습관 개선을 하는 것이 체중 감소에 가장 효과적인 방법입니다.

주의사항 : 운동의 강도는 단계적으로 올릴 것

외래에서 소아 비만 또는 비만 관련 합병증을 진단 받고 초기에 너무 의욕적으로 높은 강도의 운동을 시작하는 경우가 많습니다. 하지만 초기에 너무 강도를 세게 하면 지속적이기 어렵고, 관절 등에 무리가 와서 오히려 한동안 운동을 못하게 되는 경우가 있습니다.

따라서 처음에는 가벼운 강도의 운동으로 시작해서 서서히 강도를 올려가야 합니다. 운동은 한 번에 세게, 많이 하는 것보다 꾸준하게 하는 것이 가장 중요합니다.

66

당연히 운동을 꾸준히 많이 하면 살이 빠지겠지요. 하지만 어느 정도의 운동을, 일주일에 몇 번 이상, 몇 분씩 해야겠다는 구체적인 목표를 가지고 운동을 시작하는 것은 생각보다 효과적인 방법입니다. 우리 아이가 소아 비만의 기준에 포함된다면 오늘부터라도 아이와 함께 가벼운 운동을 시작하세요.

99

소아 비만 해결 가이드
③ 생활습관

외래에서 체중 감소 방법에 대한 이야기를 나누다 보면 운동과 식습관 개선은 당연하다는 반응을 보이면서, 생활습관 개선에 대해서는 의외라는 반응을 보이기도 합니다.

하지만 '티끌 모아 태산'이란 말처럼 매일매일의 생활습관을 교정하는 것은 장기적 관점에서 식습관 개선과 운동 못지않게 체중 감소에 중요하고 효과적입니다. 일주일에 한 번 힘든 운동으로 700kcal를 소모하는 것도 좋지만, 하루에 100kcal씩 일상생활에서 더 소모하는 것도 충분히 좋습니다.

체중 감소에 효과적인 생활습관

아이의 어떤 생활습관을 바꾸면 체중 감소에 도움이 될까요? 다양한 방법이 있지만 방법마다 효과는 다릅니다. 비만을 연구하는 사람들도 당연히 여러 생활습관 중 실제로 체중 감소와 연관이 높은 것은 어떤 것인지에 대한 궁금증이 있었습니다. 여러 연구를 통해 현재까지 소아에서 증명된 체중 감소에 가장 효과적인 습관 세 가지를 소개합니다.

TV, 스마트폰, 컴퓨터 줄이기

첫 번째는 미디어의 사용을 줄이는 것입니다. 영상 매체는 대부분 앉거나 누워서 보기 때문에 이 시간이 늘어날수록 신체 활동 시간은 급격히 줄어듭니다. 특히 요즘은 학교 수업, 숙제, 학원 등의 이유로 가뜩이나 앉아 있는 시간이 많은데 추가로 영상 매체를 많이 보게 되면 당연히 활동량이 더 줄어들 수밖에 없습니다. 게다가 영상 매체를 보면서 음식이나 음료수를 먹는 경우가 많고, 이럴 때는 포만감을 잘 못 느끼게 되기 때문에 많이 먹게 되기도 합니다.

권고 사항은 하루에 학업과 관련되지 않은 TV, 스마트폰, 컴퓨터는 1~2시간 이내로 제한하는 것입니다(저는 아이들에게 주말이나 특별한 날을 제외하고는 1시간 이내로 줄여야 한다고 교육합니다).

말이 쉽지 이미 영상 매체를 보는 아이에게 노출 시간을 줄이는 것은 쉽지 않습니다. 그나마 아이가 어리면 어느 정도 조절할 수 있지만, 중고등학생 아이는 더 어렵습니다. 현실적인 방법 중 하나는 TV나 스마트폰을 볼 때 꼭 실내 자전거나 러닝머신, 스테퍼 등의 운동을 하면서 보게 하는 방법입니다. 이렇게 하면 미디어를 무조건 금지하는 것보다 아이들이 잘 받아들입니다. 물론 사전에 아이와 충분한 대화가 필요합니다.

적절한 수면 시간 유지

수면 시간이 부족한 경우 체중이 늘고, 수면 시간을 적정 시간까지 늘리면 체중이 감소되는 경향이 있다는 사실이 연구로 증명되었습니다. 수면 부족이 칼로리 섭취의 증가와 밀접한 관련이 있기 때문입니다.

다음 표는 미국 수면 학회의 권고 사항입니다. 가운데 보라색이 적정 수면 시간이고, 위아래 옅은 색은 약간 부족하거나 과다한 것입니다. 그리고 흰색은 아주 부족하거나 과다한 것입니다.

초등학생이라면 9시간 이상(최소 7~8시간 이상), 중고등학생도 8시간 이상(최소 7시간 이상)은 자는 것을 권유합니다. 만약 수면 시간이 부족하다면 적정 수면 시간을 지키는 것만으로도 체중 감소에 도움이 될 수 있습니다.

권고 수면 시간

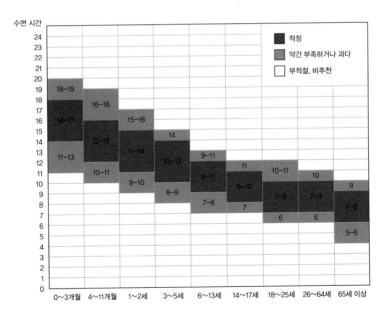

부모님의 생활습관도 같이 고치기

소아의 경우에는 비만 자체가 부모님의 생활습관, 식습관과 연관된 경우가 많습니다. 이런 경우 가족 모두의 환경 변화가 아이의 체중 감소에 중요합니다.

나머지 가족들의 식습관, 생활습관, 운동량은 변하지 않으면서 아이에게만 변화를 요구하기는 현실적으로 불가능합니다. 어쩌면 단기간은 가능하겠지만 장기적으로 실패할 수밖에 없습니다. 실제로 연구에서도 부모님이 함께 생활습관, 식습관, 운동 습관을 개선한 경우가 아이만 노력한 경우에 비해 훨씬 효과적이었습니다.

다이어트 약?

혹시 소아가 사용할 수 있는 다이어트 약은 없는지 궁금해하는 경우가 있습니다. 성인 대상으로 여러 기전의 다이어트 약이 허가, 사용되고 있지만 소아에게는 부작용의 위험이 있어 대부분 금기입니다. 지방 흡수를 막는 기전의 약 하나가 허가되어 있지만 만 12세 이상에서만 아주 제한적으로 사용가능합니다. 아주 심한 합병증이 동반된 경우가 아니라면 소아에서 다이어트 약의 사용은 어렵습니다.

> 66
>
> 비만인 아이의 체중을 줄이는 것은 정말 어려운 일입니다. 식이조절도 어렵고, 운동을 하게 하는 것도 어렵고, 생활습관을 바꾸는 것도 어렵습니다. 부모님도 다들 바쁘시고 안 그래도 힘든 일이 많은데 아이를 위해 여러 가지를 같이 바꾸기도 정말 쉽지 않은 일입니다.
>
> 그래도 소아 비만은 심각한 문제이고, 해결하려고 노력해야 하는 문제입니다. 노력하실 때, 어디서부터 시작해야 할지 고민되실 때, 이 글이 조금은 도움이 되었으면 좋겠습니다.
>
> 99

소아 비만 예방법 :
두 살 식습관 여든까지 간다

    소아 비만은 소아 시기의 당뇨병, 고혈압, 고지혈증, 지방간 등 질환의 원인이 되는 것은 물론, 성인이 된 이후의 건강 문제, 사망률과도 직접적인 관련이 있는 소아의 가장 중요한 건강 문제 중 하나입니다.

소아 비만의 증가 이유

    최근 비만이 늘어나고 있는 가장 큰 이유는 식습관의 변화와 신체적 활동의 저하입니다. 특히 소아에서는 식습관의 변화가 비만 증가의 가장 큰 원인입니다. 최근 20~30년 사이에 입에는 맛있는 고칼로리, 단순 탄수화물, 고지방인 음식들을 훨씬 싸고 쉽게 얻을 수 있게 되면서 아이들이 이러한 음식들을 훨씬 더 많이 먹게 되었고, 이는 소아 비만의 증가로 이어졌습니다.

왜 칼로리가 높고, 몸에 안 좋은 음식을 좋아하게 되나요?

    사실 아이들이 자연스럽게 건강한 음식을 좋아하고, 몸에 안 좋은 음식을 싫어한다면 아무 문제가 없습니다. 하지만 현실은 정반대입니다.

그 이유에 대해서 여러 가지 가설이 있지만 과거 생존을 위한 적응을 이유로 설명을 많이 합니다. 사람은 지방세포에 에너지를 축적할 수 있는데, 기근이 있거나 오래 음식을 제대로 먹지 못할 때 생존에 유리하게 작용했습니다. 따라서 사람들은 본능적으로 지방세포를 많이 축적할 수 있는 음식들, 즉 칼로리가 높고, 고지방인 음식들을 좋아하게 되었다는 가설입니다. 맛의 경우 예전에는 독성이 있는 식물들이 많았기 때문에 식물이 주는 약간의 쓴맛보다는 덜 위험한 단맛이나 짠맛을 자연스럽게 좋아하게 되었다고 합니다.

이러한 이유로(혹은 이유는 다르다 할지라도) 아이를 가만히 두면 채소나 몸에 좋은 통곡물 같은 음식보다는 지방이 많고, 칼로리가 높고, 달고, 짠 음식을 좋아하게 됩니다.

좋은 식습관 만들기

가장 좋은 방법은 아이가 어릴 때부터 건강한 음식들을 다양하게 접하게 하고, 달고, 짠 음식은 피하게 하는 것입니다. 어릴 때부터 여러 건강한 음식의 맛을 반복적으로 접하게 되면 그 맛들을 받아들이고 좋아하게 만들 수 있습니다.

아이가 이유식을 먹을 때부터 곡물, 과일, 채소, 지방이 적은 고기, 닭고기, 생선과 같은 건강한 식재료를 다양하게 주는 것이 매우 중요합니다(부모님들이 이유식 책을 공부하며 시기에 맞춰 열심히 다양한 이유식을 만드시는 것은 결코 헛된 일이 아닙니다). 또 달거나 짠 음식이나 간식, 음료수 등은 최소 돌 이전까지는 주지 않는 것도 중요합니다.

물론 이후에도 건강하지 않은 음식과 간식은 최소한으로 줄이고, 건강한 음식을 다양하게 주도록 계속 노력해야겠지만, 어릴 때부터 건강한 다양한 음식을 먹게 해서 건강한 식습관이 생기면 이후에도 이런 식습관을 유지하기가 훨씬 수월합니다(물론 여전히 달고, 짠 음식도 좋아하겠지만요).

이론적으로는 이렇게 간단하지만 현실에서 음식을 제한하는 것은 쉽지 않습니다. 우리 아이만 과자, 케이크, 빵, 아이스크림 등을 아예 먹지 않게 할 수는 없으니까요. 그래서 미국 소아과 교과서에도 소개된 방법 중 '신호등 음식 가이드'를 소개합니다.

이 가이드는 음식의 종류를 세 가지로 분류하고 얼마나 자주 먹을지에 대한 규칙입니다. 몸에 좋지 않은 음식을 아예 먹지 말라고 하기보다는 원칙을 세워두면 실생활에서는 훨씬 실용적일 수 있습니다.

이 가이드를 보면 과일, 채소, 살코기, 생선, 계란, 견과류, 통곡물(통곡물 빵, 밥, 시리얼 등), 콩, 저지방 유제품, 물, 우유 등은 초록불로 매일, 매끼 충분히 먹어도 됩니다.

지방과 소금이 적게 들어간 가공된 고기, 단순 탄수화물로 만든 빵이나 씨리얼, 저지방이 아닌 유제품, 지방과 당분이 적게 들어간 케이크, 과자, 과일주스 등은 주황불로 가끔은 먹어도 되지만 너무 자주 또는 너무 많이 먹지는 말고, 먹더라도 적당량만 먹어야 합니다.

일반적으로 생각하는 몸에 안 좋은 음식인 튀김, 지방이 많은 가공된 고기, 디저트, 일반 케이크, 빵, 과자, 초콜릿 등등은 빨간불로 1주일에 한 번 정도 아주 특별한 날만 먹는다고 생각하셔야 합니다.

신호등 음식 가이드 : 건강에 좋은 음식을 쉽게 선택하기

	식품군	구체적인 예시

초록불
 	
충분히 드세요.
매끼, 매일 먹어도 되는
영양학적으로 완벽에 가깝고
비타민, 미네랄, 섬유질이 풍부한
음식입니다.
	• 과일, 야채
	• 지방이 없는 고기, 생선
	• 달걀, 견과, 씨앗, 콩류
	• 통밀로 만든 빵, 시리얼,
	  파스타
	• 물, 지방을 제거한 유제품과
	  우유
		• 저지방 요거트, 콜비치즈,
		  에담치즈
		• 통밀 샌드위치, 뮤즐리,
		  병아리콩
		• 얼린 과일과 야채
		• 지방을 제거한 소고기,
		  돼지고기, 양고기

주황불
 	
가끔 괜찮습니다.
매끼, 매일 먹으면 건강을
해칠 수 있는 음식.
조금씩만 드세요.
	• 소금, 지방을 줄인 가공육
	• 가공한 빵, 시리얼
	• 유제품
	• 설탕과 지방을 줄인 케이크, 머
	  핀, 비스킷
	• 무가당 주스와 저지방 우유
		• 햄, 베이컨, 파스트라미
		• 무가당 아침용 시리얼, 흰 빵,
		  타코쉘
		• 치즈, 과일 빵과 스콘,
		  홈메이드 팬케이크
		• 플레인 비스킷, 커스타드

빨간불
 	
사실 나쁜 음식입니다.
먹기 전에 꼭 먹어야 할지 한 번
더 생각해 보세요. 최대한
일주일에 한 번 정도 먹기를
권장합니다.
	• 튀긴 음식, 가공 감자튀김
	• 지방이 많이 함유된 가공육
	• 유제품 기반의 디저트
	• 케이크, 머핀, 비스켓, 달콤한
	  페이스트리
	• 초콜렛, 가당 음료
		• 감자칩, 소시지, 살라미,
		  통조림 햄
		• 핫도그, 치킨너겟
		• 짠맛의 스낵
		• 초코 케이크, 머핀, 초코바
		• 까망베르치즈, 탄산음료

흥미롭나요? 이런 기본적인 내용을 알고 원칙을 세워놓는 것은 생각
보다 실생활에는 큰 도움이 될 수 있습니다.

또 하나 중요한 것은 아이가 어느 정도 크면 결국 같이 밥을 먹는 부
모님의 식습관을 따라 가게 된다는 것입니다. 부모님이 건강하지 않은
음식을 먹으면서 아이에게만 건강한 음식을 먹으라고 할 수는 없습니
다. 아이가 건강한 식습관을 갖게 하기 위해서는 부모님 역시 건강한 식
습관을 가지는 것이 중요합니다. 부모의 좋지 않은 식습관은 소아 비만
의 가장 큰 위험 요소 중 하나입니다.

소아 비만을 예방하는 가장 좋은 방법은 아이가 아주 어릴 때부터 좋

은 식습관을 갖게 하는 것입니다. 이미 좋지 않은 식습관을 가지고 있다면 부모님과 아이가 노력해서 되도록 빨리 고쳐야 합니다. 습관은 시간이 지날수록 고치기 힘듭니다.

> 66
> 외래에서는 중고등학생이 비만에 의한 합병증으로 방문하는 경우가 많습니다. 이 경우 의학적으로 살을 꼭 빼야 하고, 살을 빼야 하는 것을 환자도 부모님도 알지만 실제로 실천하기가 무척 어렵습니다. 이미 습관이 너무 오래되었기 때문입니다.
> 이 글이 부모님께서 소아 비만, 식습관을 중요성을 알게 되어 아이가 되도록 어릴 때 식습관을 고치도록 노력하시는 계기가 되면 좋겠습니다.
> 99

체중 많이 나가는 아이 기준 가이드

코로나 시대가 길어지면서 아이들이 겪게 되는 건강 문제도 점점 달라지고 있습니다. 마스크 착용과 사회적 거리두기로 일반적 호흡기 감염 질환은 급격히 줄었고, 아이들의 활동이 줄면서 이와 관련된 문제들이 늘어나는 것 같습니다.

제가 요즘 외래에서 가장 크게 체감하고 있는 것은 체중이 급격히 느는 아이들이 많다는 점입니다. 아무래도 집에 있는 시간이 길어지고, 신체 활동은 줄어드는 것과 관련이 있을 것입니다.

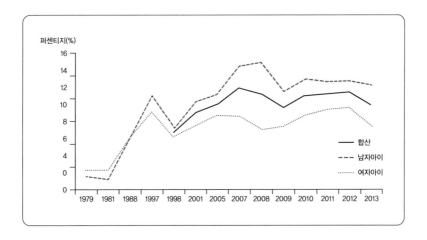

우리나라에서의 소아 비만은 통계적으로 꾸준히 증가하고 있습니다. 2008년에는 6세 미만의 소아 비만은 1.4%, 7~18세의 소아 비만은 8.4%였는데, 2015년에는 각각 2.8%, 14.3%로 증가하였습니다. 7년 사이에 거의 2배로 늘어난 것입니다.

게다가 최근에는 이러한 비만 합병증이 성인이 되기 전에 발생하는 경우도 점점 늘고 있습니다. 소아 비만은 더 이상 미룰 수 있는 건강 문제가 아닙니다. 그런데 막상 우리 아이가 살이 많이 쪘다고 생각이 되고, 해결해야겠다는 마음을 먹어도 어디서부터 어떻게 시작해야 할지 막막한 경우가 많습니다.

"아직 어리니까 괜찮을 것 같은데… 어릴 때 살은 키로 간다니까."

"약간 통통한 정도이지 비만은 아닐 것 같은데…."

"다이어트를 시켜야 하나? 이 정도로 병원을 가는 것은 너무 과한가?"

아이가 체중이 많이 나간다는 생각이 들 때 부모가 어떻게 할지에 대해 이야기해 보도록 하겠습니다.

1. 신체 계측을 통한 객관적인 평가

가장 중요한 것은 객관적으로 어느 정도 살이 쪘는지 확인하는 것입니다. 약간 통통해 보여도 정상 범위에 있는 경우도 있고, 생각 외로 비만인 경우도 있습니다. 외래에서 보면 실제로 아이의 키, 몸무게, 체질량지수의 정확한 백분위수를 말씀드리면 깜짝 놀라시는 부모님들이 많습니다.

대한소아과학회에서는 과체중, 비만을 '2017년 소아청소년 성장도표'를 기준으로 정하고 있습니다. 만 2세 미만은 신장별 체중이 95백분위수 이상을 과체중, 만 2세 이후에서는 연령별 체질량지수 85~95백분위수를 과체중, 95백분위수 이상을 비만으로 정의하고 있습니다. 참고로 95백분위수 체질량지수의 120% 이상이면 고도 비만이라고 합니다.

아이가 비만의 기준(특히 고도 비만)에 들어간다면 적극적인 평가와 관리가 필요합니다.

2. 복부 둘레 확인

복부둘레는 대사증후군(체지방 증가, 혈압 상승, 혈당 상승, 혈중 지질 이상 등), 지방간염 등과 높은 연관성이 있습니다.

체질량지수는 아주 높지 않지만 복부 지방이 많아서 지방간염, 고혈압 등의 비만 합병증이 발생하는 경우도 있습니다. 따라서 신장, 체중뿐만 아니라 복부 둘레도 확인해 보는 것이 필요합니다. 복부 둘레가 연령별 70백분위수 이상이면 주의가 필요하고, 95백분위수 이상이라면 적극적인 관리가 필요합니다.

3. 비만 합병증 평가

비만 합병증으로 고혈압, 당뇨(혹은 전당뇨병), 고지혈증, 지방간염, 다낭성 난소 증후군, 담석증, 폐쇄수면 무호흡, 흑색가시세포증 등이 있습니다.

연령별 복부 둘레 (남자)

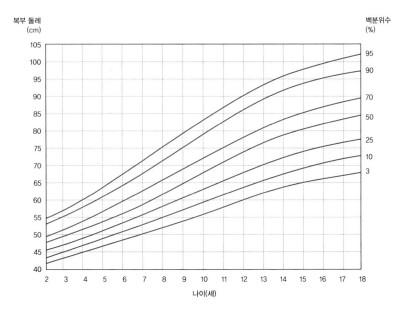

복부 둘레 (cm)

백분위수 (%)

나이(세)

　예전에는 우리나라 아이들에서는 소아 시기에 비만 합병증이 오는 경우가 많지 않았습니다. 하지만 최근에는 소아 비만이 늘어나고, 또 심해지면서 성인이 되기 전에 이미 비만 합병증이 시작되는 경우가 늘고 있습니다.

　실제로 외래에서도 지방간염, 고혈압, 당뇨 등의 비만 합병증으로 치료받는 소아, 청소년들이 점점 늘고 있으며 일부 아이는 합병증의 정도가 심해 약물 치료를 포함한 적극적인 치료가 필요하기도 합니다. 따라서 비만 기준에 포함되고 특히 고도 비만 기준 이상의 심한 비만이라면 꼭 병원 진료를 통해 비만 합병증 평가를 하는 것이 필요합니다.

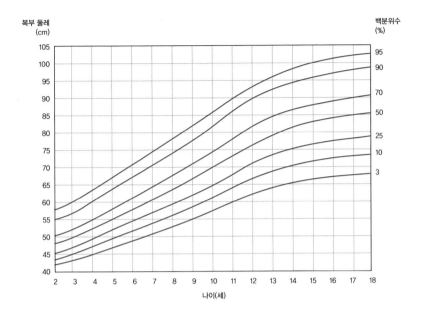

연령별 복부 둘레 (여자)

복부 둘레 (cm)

백분위수 (%)

나이(세)

4. 식습관, 생활습관 평가 및 개선

소아에서는 다이어트 약물 처방은 거의 하지 않습니다. 심한 비만 합병증이 있어 꼭 필요한 경우에는 12세 이상에게만 지방흡수 억제제Orli-stat를 처방하는 경우도 있지만 복통, 설사 등의 부작용도 흔해서 자주 처방하지 않습니다.

성인에게 허가된 다이어트 약물들은 소아에게는 허가되지 않았습니다. 그렇다면 결국 비만의 치료는 앞에서 말씀드린 것처럼 식습관, 생활습관 개선과 운동입니다. 식습관, 생활습관의 평가와 교육을 통해 좋지 않은 식습관, 생활습관을 고치고, 효율적인 운동을 시작하는 것이 중요

119

합니다.

소아는 성장기에 있기 때문에 급격한 다이어트는 권고하지 않고, 계획적인 식습관, 생활습관의 교정, 지속적인 운동을 통해 점차적으로 체질량지수가 개선되는 것을 목표로 하고 있습니다. 말은 간단하지만 실제로는 그렇게 쉽지는 않습니다. 하지만 객관적인 자료와 검사를 보여주며 적절한 자극을 주고, 뚜렷한 목표를 설정해 주면 잘 따라와 주는 아이들이 의외로 많습니다.

> 66
> 우리 아이가 비만의 기준에 포함될 정도로 체중이 많이 나간다면 가볍게 생각하셔서는 안 됩니다. 객관적으로 어느 정도 비만인지 확인하고, 비만이라면 적어도 한 번은 진료를 통해 비만 관련 합병증이 있는 것은 아닌지, 혹시 비만의 다른 원인이 있는 것은 아닌지 확인이 필요합니다. 이후 식습관, 생활습관 개선과 효율적이고 현실적인 운동 계획을 통해 소아 비만을 해결해야 합니다.
> 쉽지는 않지만 그래도 한 살이라도 어릴 때부터 개선하는 것이 가장 쉬운 길입니다.
> 99

국제 최신
논문 기반의
육아 솔루션

안 먹거나 작은 아이 밥 먹이기 가이드

작고 마른 아이 : 기준을 점검해 보세요

외래에서도 작고 마른 아이가 걱정이신 부모님이 많습니다. 진료를 해보면 검사나 치료, 영양 보충 등이 필요한 경우도 있고, 적절한 식습관 교육 정도만 필요한 경우도 있습니다.

우선 성장 문제 중 저체중과 체중 증가 부진에 대해 다루려고 합니다.

저체중, 체중 증가 부진

성장 부진이 걱정되어 병원에 오시는 경우 가장 먼저 확인하는 것은 객관적인 키, 몸무게, 머리둘레의 연령별 백분위수입니다. 성장도표의 연령별 기준에서 키가 5백분위수 미만이면 저신장, 체중이 3백분위수 미만이면 저체중이라고 합니다. 이때 아이가 키는 정상 범위에 있는데 몸무게만 적은 것인지, 키도 작고 몸무게도 적은 것인지, 혹시 머리둘레까지도 작은지를 확인하는 것이 중요합니다.

또 키와 몸무게의 백분위수가 다 작은 경우는 신장별 체중의 확인을 통해 단지 키가 작아서 몸무게가 적게 나가는 것인지, 작은 키에 비해서도 몸무게가 더 적게 나가는 것인지를 확인합니다.

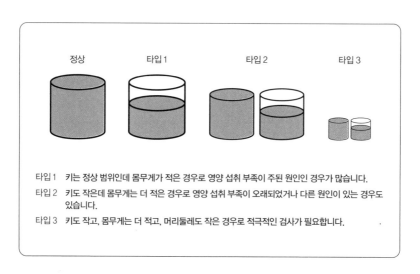

타입 1 키는 정상 범위인데 몸무게가 적은 경우로 영양 섭취 부족이 주된 원인인 경우가 많습니다.
타입 2 키도 작은데 몸무게는 더 적은 경우로 영양 섭취 부족이 오래되었거나 다른 원인이 있는 경우도 있습니다.
타입 3 키도 작고, 몸무게는 더 적고, 머리둘레도 작은 경우로 적극적인 검사가 필요합니다.

성장에 있어서는 지금의 상태뿐 아니라 성장 추세 확인이 매우 중요합니다. 아이 몸무게가 좀 적더라도 점점 늘고 있는 추세라면 예후가 양호한 경우가 많지만, 체중 증가 속도가 갑자기 감소되거나 체중이 빠지는 경우는 적극적인 진료가 필요합니다.

왜 체중이 잘 안 느는 것일까요?

가장 흔한 원인은 충분히 먹지 못해 영양분이 부족한 것입니다. 아이가 좋지 않은 식습관을 가지고 있거나 먹는 것에 관심이 없는 것일 수도 있지만, 특정 질환이나 심리적인 문제가 원인인 경우도 있습니다.

드물게 영양분을 제대로 흡수하지 못하게 하거나, 구토, 설사 등으로 배출되는 양을 늘어나게 하는 질환이 숨어 있기도 하고, 감염, 만성 질환, 대사이상 질환 등의 원인으로 에너지 필요량이 증가하여 체중이 늘지 않는 경우도 있습니다.

일반적으로 좀 덜 먹거나 약간의 편식이 있는 정도는 대부분 아이에게 장기적인 영향을 주지는 않습니다. 하지만 심한 영양 부족이 지속된다면 이차성 면역 결핍, 저신장을 초래할 수도 있고, 신경학적 발달에도 영향을 줄 수 있습니다. 따라서 체중 증가 부진이 있다면 이른 확인과 진단에 따른 치료가 장기적인 손상을 예방할 수 있습니다.

적극적인 검사가 필요한 경우

- 만 2세 미만에서 성장곡선으로 확인하였을 때 뚜렷한 체중 증가 부진이 확인될 때
- 특히 체중 증가 부진을 넘어 체중이 감소되는 경우
- 키, 몸무게, 머리둘레가 다 작은 경우
- 설사, 복통, 구토, 구역질, 만성변비, 호흡 증상, 다뇨, 반복되는 심한

감염 등과 같은 뚜렷한 증상과 더불어 성장 부진이 있는 경우

• 신장별 체중이 나이별 평균의 70~80% 이하인 경우

병원에서는 어떤 검사를 하게 되나요?

객관적인 신체 계측, 성장과 관련된 문진, 영양 검사를 포함한 성장 관련 혈액검사 등의 진료를 통해 다른 문제가 있는지, 단순 영양 문제인지 평가합니다. 검사도 중요하지만 영양 보충, 식습관 개선 등 치료 후 초기 치료의 반응을 확인하는 것도 중요합니다.

한 가지 안타까운 점은 현재 우리나라에서 다른 문제 없이 저체중, 비만과 같은 영양 문제만 있는 경우는 보험 진료가 안 된다는 것입니다. 검사를 통해 확실한 영양 결핍이나 합병증이 확인되지 않은 저체중은 질병으로 인정되고 있지 않습니다.

따라서 저체중에 대한 진료는 수가가 없는 것은 물론이고, 보험 진료도 되지 않기 때문에 진료 자체를 하는 병원이 별로 없고, 진료를 하더라도 첫 진료 시 비용이 굉장히 많이 나옵니다. 모든 진료와 검사가 비급여니까요.

그래서 실제로 영유아 검진에서 저체중이 나온다 하더라도 제대로 된 진료를 보는 것이 매우 어렵습니다. 하루빨리 정책적 개선이 필요한 상황입니다.

잘 안 먹어서 키가 안 크는 것일까요?

　부모님들이 자주 물어 보시는 질문입니다. 기본적으로 키는 영양적 측면보다 유전적 측면에 의한 영향이 큽니다. 영양 보충을 많이 한다고 해서 원래 본인이 클 수 있는 키보다 훨씬 많이 클 수는 없습니다. 하지만 반대로 영양적인 결핍이 있다면 원래 클 수 있는 키보다 덜 클 수 있고, 특히 영양 결핍이 심하다면 저신장의 원인이 될 수 있습니다.

　키가 저신장의 기준에 들어갈 정도로 작은 경우는 기본적으로 소아 내분비 분과에서 성장 호르몬 등의 치료가 필요한 것인지 확인하는 진료를 우선 진행해야 합니다. 그리고 신장별 체중을 확인하여 키에 비해 체중도 적은 경우는 추가적인 영양에 대한 평가 및 교정이 필요합니다.

> 66
>
> 밥을 잘 안 먹어 병원에 오셨을 때 큰 문제가 없는 경우가 더 많습니다. 객관적으로 정상 범위에 있는 경우라면 올바른 식습관 교육으로 장기적인 영양 상태를 좋게 만드는 것만으로도 충분합니다. 하지만 질병이 숨어 있기도 하고, 적극적인 영양 보충이 필요한 경우도 있기 때문에 주의가 필요합니다. 특히 어린 시기의 영양의 문제는 아이의 발달과 성장에 굉장히 중요합니다.
>
> 99

기본 식습관 교육 가이드

부모님께서 아이를 키우면서 가장 힘들어하시는 문제 중 하나가 아이가 밥을 잘 먹지 않는 것입니다.

"밥만 잘 먹어도 소원이 없겠어요."

"밥 잘 먹는 아이들의 부모가 너무 부러워요."

부모님들께 물어보면 약 20~30%의 부모님들은 아이가 밥을 잘 먹지 않는다고 생각하십니다.

하지만 이 중 단순히 밥을 잘 안 먹는 정도Feeding difficulty가 아니고 실제로 식이장애eating disorder가 있는 경우는 1~5% 미만입니다. 식이장애는 식이 문제가 심각해서 아이의 성장, 발달, 영양, 심리적으로 심각한 문제가 일어날 수 있는 경우를 말합니다.

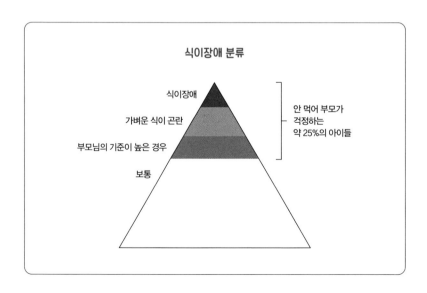

위의 그림은 밥을 잘 안 먹는 아이들의 실질적인 통계를 잘 보여줍니다. 부모님은 하위 25% 정도의 아이가 밥을 잘 안 먹는다고 생각하시지만 실제로는 식이 문제가 없는데 부모님이 있다고 생각하거나 있더라도 심하지 않은 경도의 식이 곤란 정도라 크게 걱정하지 않아도 됩니다. 식이 문제가 없거나 심하지 않은데도 너무 큰 문제로 인식하신다면 오히려 그로 인한 아이와의 갈등과 잘못된 식습관이 더 심각하게 만들 수도 있습니다.

아이가 밥을 잘 먹지 않는다고 생각된다면 혹시 부모님의 기준이 너무 높은 것은 아닌지, 아이가 실제로 얼마나 부족하게 먹는지, 아이가 잘 크고는 있는지 등을 고려하셔서 아이의 식이 문제의 정도를 잘 판단하시는 것이 중요합니다. 아이의 성장이 정상 범위라면 일단 아이 걱정을 조금 내려놓으시고 천천히 좋은 식습관을 만드시려고 노력하시면 좋습니다.

아이의 영양 상태를 신체 계측만으로 평가할 수는 없습니다. 정확한 평가를 위해서는 신체 계측, 생화학적 평가, 영양섭취 평가, 위험 요인 평가 등 복합적인 평가가 필요합니다. 하지만 신체 계측, 특히 몸무게는 아이의 식이 습관, 영양 상태와 연관이 높으니 성장도표를 통한 기본적인 성장 평가가 가장 기본적인 아이의 영양 상태 평가가 될 수 있습니다. 특히 수개월에 걸친 성장 추세 확인은 아이의 영양 상태 평가에 매우 중요합니다.

저체중

신체 계측에서 아이의 몸무게가 나이 대비 평균에 가깝다면 아이는 경도의 식이 문제, 편식 등의 문제가 있을 수는 있어도 먹는 양과 기본적인 영양소는 아이에게 필요한 것에 비해 많이 부족하지는 않다고 말할 수 있습니다.

반면에 아이의 몸무게가 5백분위수 미만(저체중) 또는 그에 가깝다면 객관적으로도 아이의 먹는 양이 많이 부족한 것으로 생각할 수 있기 때문에 좀 더 적극적인 접근이 필요합니다.

저체중&저신장

아이가 몸무게뿐만이 아니라 키도 같이 작은 경우(5백분위수 미만)는 단지 영양 부족보다는 가족 저신장, 체질성 성장지연 등 저신장이 있어서 몸무게도 적게 나가는 경우가 많습니다. 이런 경우는 소아과에서 기본적인 진료 후 지속적인 성장 추적 관찰이 필요할 수 있습니다.

저체중 & 저신장 & 소두증

만약 키, 몸무게, 머리둘레가 다 작은 경우라면 유전, 대사, 신경학적 문제가 동반된 경우일 수 있어 적극적인 검사가 필요합니다.

식이 문제의 기준

식이 곤란은 객관적으로 정의하기 어렵습니다. 아이가 잘 먹지 않아서 부모님께서 먹이기가 힘들다는 것을 포괄하는 말인데, '잘 먹는 것'과 '잘 먹지 않는 것'에 대한 기준이 아이마다, 부모님마다 다 다르기 때문입니다. 어느 정도의 객관적인 기준은 다음과 같습니다.

- 식사 시간이 길어진다(30분 이상).
- 음식 거부가 지속된다.
- 식사 시간에 아이의 갈등이 많고, 식사 시간이 힘들다.
- 아이 스스로 적절하게 밥을 먹는 횟수가 적다.
- 아이가 밤에 음식을 먹는 경우가 많다.
- TV 등을 시청하면서 밥을 먹어야 밥을 잘 먹는다.
- 모유와 분유를 끊지 못하고 오래 먹는다.
- 부드러운 음식에서 덩어리가 있는 음식으로 진행이 안 된다.

이 항목의 절반 이상에 해당된다면 객관적으로도 어느 정도의 식이 곤란을 겪고 있을 확률이 높습니다. 해당되지 않는다면 부모님의 생각보다는 아이의 식이 문제가 심각하지 않을 수 있습니다.

식이 곤란은 단지 밥을 좀 적게 먹는 경한 단계부터 아이의 성장, 발달, 영양, 심리적인 부분에도 영향을 끼칠 수 있는 식이장애까지 다양합니다. 심하지 않다면 적절한 식습관 교육으로 천천히 교정해 가면 되지만 심한 경우라면 적극적인 진료, 검사, 평가, 교육이 필요합니다.

신체적인 질환의 경고 사인

다음과 같은 사인들이 보이면 신체적인 문제로 인한 식이 곤란, 심각한 식이문제가 있어서 쉽게 해결되지 않을 가능성이 높습니다. 부모님이 아이의 증상과 경고 사인을 잘 살펴보고, 집에서의 교정이 힘들다고 판단된다면 좀 더 적극적으로 병원에서의 치료를 고려해야 합니다.

- 연하곤란(음식을 잘 삼키지 못하는 것)
- 기도 흡인(음식을 먹고 기침, 목막힘 등의 증상 발생)
- 성장 저하(체중, 신장이 모두 5백분위수 미만)
- 먹으면서 확실한 통증을 보이는 경우
- 구토나 설사의 지속
- 발달이 늦어지는 경우
- 아주 심한 편식
- 음식을 억지로 먹이고 있는 경우
- 특정 사건(숨막힘 등) 이후 갑자기 안 먹는 경우
- 먹기도 전에 구역질을 하는 경우

미국 소아과 학회의 권고 가이드

미국 소아과 학회에서 공통적으로 적용되는 식습관 교육의 팁은 다음과 같습니다. 이 가이드를 지킬 수 있도록 부모님과 아이가 함께 노력해보면 어떨까요?

❶ 식사 중에는 핸드폰, TV 등 방해가 될 만한 요소는 피한다.

❷ 식사 중에 즐겁고, 중립적인 태도를 유지한다.

❸ 식사 시간을 20~30분으로 제한한다.

❹ 하루에 4~6회의 식사, 간식 시간 이외에는 물 이외의 것은 먹지 않는다.

❺ 나이에 적합한 음식을 준다.

❻ 체계적으로 새로운 음식을 소개한다(새로운 음식은 8~15회까지 시도가 필요).

❼ 스스로 먹기를 격려한다.

❽ 먹을 때 나이에 적절한 정도로 지저분해지는 것은 용납한다.

> 66
>
> 아이가 밥을 잘 안 먹는 것은 부모님에게 정말로 힘든 일입니다. 대신 먹어줄 수도 없고, 억지로 먹게 할 수도 없고, 아이를 생각하는 마음이 없다면 차라리 신경을 덜 쓸 텐데 그럴 수도 없습니다.
>
> 아이가 밥을 잘 안 먹는다고 느끼시면 정확한 평가를 하시는 것이 우선입니다. 아이가 조금 적게 먹거나, 편식을 약간 하더라도 잘 자라고 있고, 경고 사인이 없다면 부모님의 걱정보다는 큰 문제이거나 급한 문제가 아닌 경우가 많습니다. 부모님도 조금 안심하시고, 아이와의 갈등을 줄이며 좀 더 천천히 좋은 방향으로 나아가도록 노력해 보는 것이 좋습니다.
>
> 99

밥을 너무 적게 먹는 아이

아이들이 밥을 잘 안 먹는 것은 가장 큰 육아 고민거리 중 하나입니다. 부모님의 '밥을 잘 안 먹는다'는 말에는 생각보다 다양한 경우가 포함되어 있습니다. 밥을 조금 먹기도 하고, 밥을 천천히 먹기도 하고, 특정 음식만 좋아하기도 하고, 특정 음식을 안 먹기도 하고… 여러 경우를 종합해 보면 아이들이 밥을 잘 안 먹는 것은 크게 3가지로 분류할 수 있습니다.

- 밥을 적게 먹는 아이
- 편식하는 아이
- 먹는 것을 두려워하는 아이

각각 원인이 다르기 때문에 당연히 해결 방법도 다릅니다. 우선 '밥을 적게 먹는 아이'에 대해 해결책을 찾아보겠습니다.

부모님의 기준이 높은 경우

아이의 키, 몸무게가 정상 범위 안에 있으면서 음식을 골고루 먹는 편인데 부모님이 아이가 먹는 양이 적다고 할 때는 '잘 먹는 것'에 대한 부모님들의 기준이 너무 높은 경우가 많습니다.

4백 명의 부모님을 대상으로 한 연구에서는 30% 정도의 부모님이 아이가 밥을 잘 안 먹는다고 응답했으나, 실제로 아이의 몸 크기를 고려하면 보통~약간 적게 먹는 정도였고, 몸에 필요한 영양소는 충분히 보충하고 있었다는 결과도 있었습니다.

밥을 너무 적게 먹어서 키가 안 커요.

많은 부모님이 아이가 밥을 적게 먹어서 키가 안 큰다고 걱정하고, 아이가 밥을 많이 먹지 않는 것에 스트레스를 받으십니다.

하지만 실제로 저신장의 80% 이상은 가족성 저신장(유전적으로 키가 작은 사람이 있는 경우)이나 체질성 성장 지연(어릴 때는 작다가 뒤늦게 커서 정상적인 키가 되는 경우)입니다. 나머지 20% 이하가 성장 호르몬 결핍, 만성 질환, 자궁 내 성장 지연, 염색체 질환, 갑상선 질환, 영양 결핍 등을 원인으로 하는데, 현재 우리나라 상황에서 영양 결핍이 원인인 경우는 아주 일부입니다(물론 식이장애 범주에 포함되는 아이는 예외입니다).

우리 부모님 세대 때는 실제로 영양 부족으로 키가 덜 크는 경우가 많았기 때문에 조부모님은 더 걱정하실 수 있습니다. 작은 키의 원인이 영양 부족인 경우는 단지 키 백분위수만 작은 것이 아니라 신장별 체중 백분위수도 작은 것이 특징입니다. 키도 작고 몸무게는 더 적게 나간다는 것입니다. 따라서 키가 좀 작더라도 신장별 체중이 정상이라면 아이의 작은 키의 원인이 영양 문제가 아닐 가능성이 높습니다.

- **해결 방법 :** 몸무게가 상대적으로 작은(유전적으로) 아이들은 키가 크거나 몸무게가 많이 나가는 아이들보다 적게 먹는 것이 당연한 것인데도 부모님은 아이가 너무 안 먹는다고 여기며, 적게 먹어서 키가 작다고 생각하십니다. 이 경우는 부모님이 잘 먹는 것의 기준을 좀 낮춰야 합니다.

  또 적게 먹는 아이일수록 정해진 식사량보다는 아이가 표현하는 배고픔과 배부름에 좀 더 집중하고, 먹는 양보다는 기본적인 식습관 교육을 통해 장기적으로 좋은 식습관을 갖도록 하는 것이 중요합니다. 바로 앞에서 다룬 식습관 가이드라인을 꼭 참고해 주세요.

  보편적으로 아이가 돌~두 돌 정도까지는 그 이전 시기와 비교하면 먹는 양, 키, 몸무게의 증가가 더뎌지는데, 부모님께서 이 사실을 미리 알고 계시는 것도 도움이 됩니다.

활발하고, 힘이 넘치면서 식욕이 적은 아이

이 아이들은 주로 스스로 밥을 먹는 시기에 문제가 발생하는데, 활발하고, 에너지가 넘치고, 항상 새로운 것을 궁금해하며, 먹는 것보다 놀거나 말하는 것을 더 좋아하는 모습을 보입니다.

식사 시간에 오래 자리에 앉아 있는 것을 거부하며, 적은 양의 음식을 먹고, 정도가 심한 경우 몸무게의 증가도 더딥니다. 이는 아이의 성향이며, 아주 심한 일부를 제외하고는 영양 부족, 불균형이 아이에게 문제를 일으키는 경우는 없습니다. 오히려 이로 인한 부모와의 갈등이 아이에게 부정적인 영향을 미칠 수 있습니다.

- **해결 방법** : 아이의 배고픔과 배부름에 적절하게 대응하는 것이 특히 중요합니다. 간식을 포함하여 하루 최대 5번 이하로 정해진 시간에만 음식을 주고, 그 사이에는 물 이외의 다른 것은 주지 않아서 아이가 식사 전에 충분히 배고프도록 하는 것이 중요합니다.

  장기적으로는 부모님께서 건강하고 올바른 식습관의 모습을 보여주고, 식사 시간과 식사 중의 행동에 규율을 정해 놓고 지키도록 교육하는 것이 좋습니다. 식사 중에 아이가 올바른 모습을 보일 때는 칭찬하고, 잘못된 행동을 할 때는 아이를 등지면서 반응을 멈추는 모습을 보이는 등의 교육 방법도 도움이 됩니다.

  부모님께서 아이의 성향을 이해하고, 아주 심한 경우가 아니라면 큰 문제가 아니라는 생각으로 조금 느긋하게 아이와의 갈등을 줄이면서 장기적으로 좋은 식습관을 교육하려는 자세가 필요합니다.

상대적으로 음식에 무관심하거나 소극적인 아이

어른도 먹는 것을 아주 좋아하는 사람이 있고, 덜 좋아하는 사람이 있듯이 아이도 마찬가지입니다. 어떤 아이는 먹는 것을 매우 좋아하고 (너무 많이 먹어서 문제가 되기도 하고), 어떤 아이는 음식에 관심이 덜할 수도 있습니다.

대부분은 영양 문제를 일으킬 만큼 정도로 심하지 않기 때문에 성장 저하나 영양 부족을 일으킬 정도가 아니라면, 부모님께서 아이의 성향을 인정하고 아이와 갈등을 일으키지 않으려고 노력하시면서 장기적으로 좀 더 좋은 식습관을 갖도록 하시는 것이 좋습니다. 만약 정도가 심한 경우라면 영양 부족이 우울감이나 식욕 저하로 이어지는 악영향을 주어 점점 더 문제가 악화될 수 있기 때문에 적극적인 도움이 필요합니다.

아이가 성장이 뒤처질 만큼 식욕이 없는 경우에는 칼로리가 높은 음식과 보조적인 영양 보충이 필요할 수도 있고, 소아 정신건강의학과 진료를 통한 부모와 아이의 상담, 전문적인 영양사를 통한 교육 등이 필요할 수 있습니다.

돌 이후에도 모유나 분유의 양이 너무 많은 경우

아이가 태어난 뒤 6개월이 넘으면 분유나 모유만으로는 아이가 필요로 하는 영양분을 충분히 채워 주기에 부족합니다. 특히 돌이 넘어가면 유아식이 주식이 되어야 합니다. 돌이 넘어가면 분유나 모유를 점차 우유로 바꾸고, 우유의 양도 하루에 400~600cc 이하로 제한하기를 권장합니다. 아이가 이 이상 분유, 모유, 우유를 먹게 되면 배가 불러서 유아식을 충분히 먹지 못하게 되고, 반복되면 습관이 되어 밥을 더 잘 안 먹게 될 수 있습니다.

모유에는 부가적인 이득이 많기 때문에 간식 정도로는 두 돌까지도 먹여도 된다고 하시만 분유는 되도록이면 돌 이후에는 줄이는 것이 좋습니다. 그리고 분유 또는 모유가 아이의 유아식에 방해 요소가 된다면 빨리 줄이며 끊고, 유아식을 더 잘 먹이는 것이 이득이 더 큽니다.

신체적 질환이 있는 경우

드물게 음식 알레르기, 호산구성 식도염, 역류성 식도염, 위염, 장운동 관련 질환, 변비, 신경학적 문제, 심폐질환 등 다양한 원인이 아이가 적게 먹는 것의 원인이 될 수도 있습니다. 따라서 경고 증상이 있거나, 정도가 심한 경우라면 진료를 통해 신체적 질환이 의심되는지 확인이 필요합니다. 130쪽에서 다룬 경고 사인을 참고하시면 좋습니다.

> 66
>
> 당장 내 아이가 밥을 잘 안 먹으면 부모로서 당연히 마음이 아플 수밖에 없습니다. 그래도 아이가 밥을 잘 안 먹어서 고생하시는 부모님들께 위의 내용이 조금이나마 도움, 위로가 되었으면 좋겠습니다.
>
> 99

편식하는 아이

새로운 음식에 대한 자연스러운 거부감

새로운 음식에 대한 자연스러운 거부감Neophobia은 낯설고 새로운 것을 싫어하는 심리라는 뜻인데요. 아이들이 새로운 음식에 대해 갖게 되는 자연스러운 거부감이 부모님들에게는 편식으로 보일 수 있습니다.

네오포비아는 보통 돌 전후에 시작되고, 18~24개월에 가장 심하지만, 대부분 결국은 해결됩니다.

- **해결 방법 :** 부모님이 아이의 이러한 특성을 알고, 아이에게 강요하지 않으면서 반복적인 새로운 음식 시도와 노출을 하는 것이 중요합니다. 물론 아이에 따라 그 정도는 달라서 어떤 아이는 한두 번의 시도 후에 쉽게 새로운 음식에 적응하지만, 어떤 아이는 10~15회의 시도 후에나 새로운 음식에 적응을 하기도 합니다.

이러한 사실을 부모님께서 모르고 계시면 4~5번의 시도 후 '우리 아이는 이 음식은 안 먹는 아이구나…'라는 생각을 하고, 더 이상 시도를 포기하게 되어서 아이는 그 음식을 진짜 안 먹게 될 수 있습니다.

심하지 않은 편식

식성이 까다로운 사람picky eater을 의미합니다. 어른들도 식성이 다 다르듯, 아이들도 식성이 까다로운 아이들이 있을 수 있습니다. 보통 평균보다 적은 종류의 음식을 먹고, 네오포비아와는 달리 반복적인 노출에도 싫어하는 음식은 계속 거부하는 경향이 있습니다.

하지만 대부분 성장과 발달이 정상적이고, 필요한 에너지와 영양소를 잘 섭취합니다. 오히려 영양이나 성장보다는 부모를 포함한 가족과의 갈등이 더 큰 문제인 경우가 많습니다. 갈등이 심하고 오래간다면 갈등 때문에 아이가 먹는 것 자체를 안 좋아하게 되어 영양 상태 불균형, 우울감, 공격적인 행동, 불안감 등의 문제가 발생할 수도 있습니다.

- **해결 방법**: 심하지 않은 편식의 경우에는 기본으로 부모님께서 아이의 성향을 인정하시고, 성장에 큰 문제가 없다면 대부분 큰 문제는 아니라는 사실을 인식하시는 것이 중요합니다. 그리고 그 이후에 조금씩 편식을 줄여가려는 지속적인 노력이 필요합니다. 보통 수개월에서 수년이 걸리기도 하지만 음식에 대한 아이와의 갈등이 심하지 않다면 대부분 점점 더 나은 식습관을 가지게 됩니다.

편식을 줄이는 데 도움이 되는 팁

- 부모가 먼저 건강한 식습관의 모범을 지속적으로 보여준다.

- 채소를 소스와 같이 먹게 해서 맛을 가린다.
- 김, 계란 등의 다른 음식으로 채소를 싸서 먹인다.
- 잘 먹지 않는 음식에 친근한 이름을 붙여준다(예 : 브로콜리 ⇨ 보키).
- 음식을 준비하는 과정에 아이를 참여시킨다.
- 보기 좋게 플레이팅하거나 요리한다.
- 덜 좋아하는 음식을 먹은 뒤 좋아하는 음식을 먹게 한다.

참고로 종합비타민은 다양한 음식을 섭취하며 건강하게 성장하고 있는 아이에게는 필요 없지만, 과일, 야채 등의 섭취가 적은 아이들에게는 고려해 볼 수 있습니다. 이에 대해서는 뒤에서 자세히 다룰 예정입니다.

심한 편식

편식의 정도가 아주 심한 경우Highly Selective로 보통 10~15개 이하의 음식 종류만 먹습니다. 특정 맛, 식감, 냄새, 색깔, 온도, 모양과 관련된 식품군 자체를 다 거부하는 경우가 많고, 소리, 빛, 촉감과 같은 다른 감각에도 예민한 경우가 많습니다(심한 경우는 자폐증과 연관이 있기도 합니다).

- **해결 방법 :** 심하지 않은 편식에 비해 훨씬 더 천천히 맛, 색깔, 모양 등을 변화시키며 적응시키는 과정이 필요한데, 전문가의 도움이 필요한 경우가 많아서 이에 관한 적극적인 진료가 가능한 곳에서 진료가 필요합니다.

편식이 유전, 대사이상, 신경학적 문제 등에 의한 발달 지연과 관련되기도 합니다. 이 경우는 질환 자체의 전문가의 도움이 필요합니다.

> "
> 아이의 편식으로 가족의 식사 시간이 힘들어집니다. 잔소리하며 아이와 다투는 것도 힘들고, 다른 가족이나 친구들과 함께 식사를 할 때도 스트레스가 됩니다.
> 일단 아이의 성장, 발달을 잘 평가해 보시고, 아이가 잘 크고 있고, 편식의 정도가 심하지 않으면 부모님께서 마음의 걱정을 내려놓으시는 것이 중요합니다. 아이에 대한 걱정이 갈등으로 이어지는 것이니까요. 그러고 나면 아이의 식습관 교육에 좀 더 여유가 생길 것입니다.
> "

잘 먹는 아이가 될 수 있어요

아이가 밥을 적게 먹거나, 편식하는 것에는 여러 가지 원인이 있을 수 있지만 기본적으로 아이의 성향 자체도 큰 원인입니다. 어떤 아이는 너무 잘 먹고, 잘 먹지 않는 아이는 여러 방법을 시도해도 잘 먹지 않습니다.

아이가 밥을 잘 먹지 않을 때 아이 쪽의 원인만큼이나 중요한 것은 부모님의 아이에게 밥을 먹이는 방식Feeding style입니다. 아이가 밥을 먹지 않는 것의 원인이 꼭 밥을 먹이는 방식 때문이라는 의미는 아니지만, 좋지 않은 방식은 잘 안 먹는 아이를 점점 더 안 좋은 식습관을 가지게 만들 수 있습니다.

아이에게 밥을 먹이는 좋은 방식 1가지와 좋지 않은 방식 3가지를 소개하려고 합니다.

반응하는 Feeder

가장 좋은 방식은 '아이에게 잘 반응하는 것Responsive feeder'입니다. 부모는 아이가 어디서, 언제, 무엇을 먹을지 결정하고, 아이는 그 음식을 얼마큼 먹을지 결정합니다. 아이가 먹는 것을 다 컨트롤하려고 하기보다는 적절한 지도만 하는 것이 목표입니다.

식습관과 관련된 적당한 제한과 규칙은 두면서 되도록 즐거운 분위기를 유지하고 아이에게 좋은 식습관의 모범을 보이는 것이 중요합니다. 아이가 배고파하거나 배불러 하는 신호에 잘 반응하여 아이가 주도적으로 식사량을 조절할 수 있게 하는 것이 좋습니다. 아이는 당연히 더 먹을 수도, 남길 수도 있습니다.

연구에 따르면 이런 방식이 장기적으로 아이가 더 건강한 식습관을 갖게 하고, 영양 부족이나 비만을 줄이는 데 도움이 됩니다.

조종하는 Feeder

좋지 않은 방법 중 가장 흔한 경우는 '아이의 먹는 것을 조종하는 것 controlling feeder'입니다. 밥을 잘 먹지 않는 아이의 부모님 중 절반 이상이 여기에 해당됩니다. 아이가 밥을 잘 안 먹으려고 할 때 강제적으로 먹이거나, 체벌, 부적절한 포상 등을 이용하여 먹이려고 하는 것인데 이러한 방식은 처음에는 효과적인 것 같으나 결국에는 좋지 않은 식습관을 형성하거나 식사 자체를 좋아하지 않게 만들어 장기적으로는 영양 부족, 과일, 채소 섭취 감소, 저체중 또는 비만 등의 위험이 높아집니다.

부모님은 아이에 대한 걱정으로 어떻게든 먹이려다 보니까 이런 방식으로 먹게 되는 것이지만 오히려 악순환으로 아이가 더 밥을 안 먹게 될 수 있기 때문에 부모님께서 의식적으로 그렇게 하지 않으려고 하는 노력이 필요합니다.

지나치게 너그러운 Feeder

아이의 식습관에 '지나치게 너그러운 것Indulgent feeder'도 문제가 될 수 있습니다. 정해진 식사 시간이 아닐 때도 아이가 원할 때 언제든지, 무엇이든 주고, 아이가 밥을 잘 먹지 않을 때는 잘 먹어달라고 애원하거나 매번 특별한 음식을 준비하기도 합니다.

얼핏 생각하기에는 크게 나쁘지 않다고 생각할 수도 있지만 실제로는 아이가 좋지 않은 식습관을 가지게 하는 경우가 많아서 장기적으로는 저체중 또는 비만이 오는 경우도 있고, 필요한 영양분을 충분히 섭취하지 못하여 영양 불균형이 오는 경우도 많습니다.

무시하는 Feeder

마지막으로 '아이의 필요를 무시하는 경우Neglectful feeder'가 있습니다. 아이가 원하는 음식을 제공하지 않거나, 제한을 두지 않는 상황으로 아이의 영양, 식습관 등에 관심이 없거나 중요하게 생각하지 않는 것입니다. 이 경우 부모님이 우울증, 심리적 문제를 가지고 계신 경우도 있기 때문에 이런 문제가 있는 것은 아닌지 확인해 보아야 합니다.

되도록 '아이에게 반응하는 방식'으로 밥을 먹으려고 노력하는 것이 장기석으로 아이가 더 밥을 잘 먹고, 좋은 식습관을 가질 수 있게 합니다. 지금부터라도 조금씩 좋은 방식으로 바꾸려고 노력하면 나중에는 생각보다 아이에게 큰 도움이 될 수 있습니다.

부모님의 밥을 먹이는 방식은 아이의 먹는 행동에 큰 영향을 줍니다. 하지만 부모님에게 '잘못된 방법으로 먹이셨기 때문에 아이가 밥을 잘 안 먹는 겁니다'라는 뜻으로 이 글을 쓰는 것은 아닙니다. 부모님이 혹시 좋지 않은 방식으로 밥을 먹이고 있다면 그것은 아이가 밥을 잘 먹지 않기 때문에, 또 그런 아이를 걱정하는 마음 때문에 그렇게 되었을 가능성이 높으니까요. 애초에 아이가 밥을 잘 먹었다면 문제가 되지 않았겠지요.

66

저도 소아과 의사이기 이전에 두 아이를 키우는 부모라서 이런 글을 실생활에 적용하는 것은 완전히 다른 차원의 문제인 것을 잘 압니다. 이 글을 읽으시는 부모님께서도 '말은 쉽지…'라는 생각을 하실 수도 있습니다.

하지만 그래도 일단 이런 글을 통해 문제에 대해 다시 한 번 생각해 보고, 객관적인 연구를 통해 밝혀진 좋은 방식을 아는 것은 중요하다고 생각합니다. 힘내세요!

99

질문
있어요!

"대소변 가리기 훈련, 어떻게 시작할까요?"

아이들은 태어난 이후부터 끊임없이 자라나고 발전합니다. 처음에는 몸을 뒤집지도 못하던 아이가 어느 순간 걸어 다니게 되고, 모유만 먹던 아이가 자기 손으로 밥을 떠서 먹는 모습을 볼 때 느끼는 감동은 부모가 아니고는 알 수 없습니다.

대소변 가리기를 하는 것도 아이의 매우 중요한 발달 과정 중 하나입니다. 하지만 그전까지의 많은 발달 과정이 특별한 훈련이나 갈등 없이 이루어졌던 것과는 달리 대소변 가리기는 긴 인내와 시간, 훈련, 칭찬, 갈등이 필요한 경우가 많습니다(사실 이 시기 이후의 많은 과정이 그렇지만요).

평균적으로 아이들은 언제쯤부터 대소변을 가리나요?

대소변 가리기는 정해진 개월 수보다는 아이가 준비되었을 때 하는 것이 좋다는 말씀을 우선 드리고 싶습니다. 그래도 대략적인 시기를 미리 알고 있어야 부모가 준비도 할 수 있고, 적절한 계획을 할 수 있습니다.

아이들은 평균적으로 24~48개월 사이에 대소변을 가립니다. 미국에서는 24개월에는 26%, 30개월에는 80%, 36개월에는 98% 정도가 대소변을 가리는 것으로 나옵니다. 매우 빠른 시기에 대부분의 아이가 대소변을 가리는 것처럼 보이지만 다른 나라 통계에서는 훨씬 늦은 경우도 많으니 36개월 안에 가리지 못한다고 해서 조급할 필요는 전혀 없습니다.

대소변 가리기 훈련은 언제 시작하는 것이 좋을까요?

혹시 부모님의 기저귀를 뗀 시기를 들으신 적 있으신가요? 대소변을 가리기 시작하는 시기는 예전에 비해 조금 늦춰진 경향이 있습니다. 예전에는 18개월 이전에도, 지금보다 더 엄격한 방법으로 아이들의 대소변 가리기를 시작하는 경우가 많았습니다. 하지만 최근에는 대소변 훈련을 너무 일찍 시작하는 것이 아이와의 불필요한 갈등을 유발하거나 행동 문제 등의 원인이 될 수 있다고 하여 예전보다는 조금 늦게, 아이가 충분히 준비되었다는 사인을 보여주면 시작할 것을 권유합니다.

결국 중요한 것은 아이의 단순한 나이(개월 수)가 아니라 아이가 신체적, 발달적, 행동적 준비입니다. 보통 이런 준비가 되었다는 사인은 22~30개월 사이에 나타나기 시작하는데, 아이가 이러한 사인을 충분히 보인 뒤에 대소변 가리기 훈련을 시작하는 것이 좋습니다.

신체적 준비

아이가 괄약근과 같은 조임 근육을 조절할 수 있어야 합니다(보통 12~18개월 사이).

발달적 준비

- 스스로 변기까지 걸어갈 수 있다.
- 변기에 안정적으로 앉아 있는다.
- 기저귀가 몇 시간 동안 건조한 채로 있다.
- 스스로 옷을 올리고, 내릴 수 있다.
- 2가지의 독립적인 요구를 받아들일 수 있는 언어 기술이 있다(예 : 소파에 가서, 장난감 가지고 올래?).
- 화장실을 가고 싶다고 표현할 수 있는 언어 기술이 있다(간단한 단어로라도).

행동적 준비

- 부모의 행동을 모방할 수 있다.
- 물건을 제자리에 가져다 놓을 수 있다.
- 대소변 가리기 훈련에 관심을 가진다.
- 부모를 기쁘게 하고 싶어 한다.
- 일을 독립적으로 하고 싶어 하는 욕망이 있다.
- 말을 안 듣고, 고집부리는 행동의 빈도가 줄고 있다.

위의 준비 사인 중에 정확히 몇 가지 이상에 해당될 때 충분히 준비가 되었는지에 관한 기준은 없습니다. 하지만 이러한 사인들이 보이기 시작하면 아이가 대소변 가리기를 할 준비가 되어가고 있다는 것을 알고, 대소변 가리기 훈련을 시작할 준비를 하시는 것은 중요합니다.

어떤 전문가들은 이런 사인들이 보이기 시작하고 3개월 뒤에 훈련을 시작하는 것이 더 쉽게 성공하는 방법이라고 말하기도 하지만, 또 너무 늦게 시작하면 아이가 관심을 잃어서 훈련 기간이 더 길어지기도 합니다. 이 사인들이 충분히 보인다면 너무 조급하지 않게 훈련을 시작하면 됩니다.

부모님들이 꼭 알고 계실 점

대소변 가리기를 늦게 시작하거나, 중간에 실패하거나, 훈련이 길어지는 것은 아이의 지능이나 성격 등과 관련이 없습니다. 괜히 조급해져서 아이와의 불필요한 갈등을 만들지 않아도 괜찮습니다. 아이가 훈련 중 실수를 하는 것은 당연하고, 이 훈련에서 체벌은 안 됩니다. 혹시 훈련 중에 여러 이유로 아이와의 갈등이 커지고, 감정적으로 문제가 된다면 적어도 아기가 30개월이 넘은 뒤에 다시 시도하시는 것이 좋습니다.

준비가 안 되어 있다면(예 : 동생의 출생, 이사나 장기 여행을 앞둠, 주 양육자의 복직 등) 안정적인 상황에서 훈련을 시킬 수 있도록 시작을 조금 미루는 것이 좋습니다. 훈련 중에 다른 환경적 변화가 너무 많으면 훈련이 길어지거나 실패할 가능성이 높습니다.

대소변 가리기가 늦어져서 문제가 되는 시기는 언제인가요?

소변 가리기가 늦어져 문제가 되는 유뇨증의 기준은 만 5세(60개월)이며, 대변 가리기가 늦어져서 문제가 되는 유분증의 기준은 만 4세(48개월)입니다.

이때도 가끔 실수하는 것은 포함되지 않으며, 특별한 이유가 없이 지속적으로 소변, 대변을 가리지 못하는 경우만 문제가 됩니다. 이 기준에 포함된다면 소아과 진료를 통해 혹시 다른 문제가 있지는 않은지 검사를 해보고, 행동 요법 등의 도움을 받는 것이 필요합니다.

> 대소변 가리기는 다른 발달 과정보다 더 조급해지기 쉽습니다. 주변에서 물어보거나 관심을 갖는 사람도 많고, 훈련과 교육이 필요한 부분이라서 부담스러울 수 있지요.
> 그래도 조금은 마음의 여유를 가지고, 성공적이고 즐거운 대소변 가리기 훈련을 시작하시면 좋겠습니다.

"아이가 대소변 훈련을 너무 힘들어해요."

대소변을 가리는 것은 모든 아이가 겪는 기본적인 발달 과정입니다. 결국은 누구나 다 성공하게 되지만, 진행하며 어려움을 겪는 경우가 많습니다. 훈련 자체는 과정이니 결국 대소변을 잘 가리게만 된다면 어떤 방법으로 훈련을 했는지는 중요하지 않습니다. 어떤 아이는 특별한 훈련 없이도 자연스럽게 성공하기도 하고, 어떤 아이는 유아 변기를 통한 오랜 시간의 훈련 끝에 성공하기도 합니다. 어떤 방법이든 아이가 수월하게 대소변을 가리게만 된다면 그것이 아이에게는 가장 좋은 방법입니다.
도움이 되도록 일반적으로 전문가들이 추천하는 방법, 팁을 소개합니다.

유아 변기의 사용

대소변 가리기 훈련에 절대적인 방법은 없습니다. 처음 대소변 가리기 훈련을 시작할 때, 어른 변기에 유아 변기 커버를 이용하는 방법보다 유아 변기를 사용할 때 더 쉽게 적응하는 경우가 통계적으로 더 많습니다.
아이에게 유아 변기가 본인의 것이라는 것을 알려주고, 쉽게 접근할 수 있는 곳에 두어 변기에 친숙해지도록 하는 것이 중요합니다. 처음에는 옷을 다 입은 채로 변기에 앉아서 놀기도 하고, 책도 보면서 변기에 충분히 익숙해지게 한 뒤, 1~2주 후 본격적으로 훈련을 시작하면 아이가 훨씬 잘 적응합니다.

칭찬 or 훈육

대소변 가리기 훈련에서 가장 중요한 것은 아이가 실수하더라도 혼내거나 벌을 주지 않는 것과(우연히라도) 성공했을 때 충분한 칭찬을 해주는 것입니다. 아이가 대소변을 보고 싶다고 말하거나, 유아 변기에 대소변 가리기를 성공한다면 충분한 칭찬, 스티커 붙이기 등으로 격려해 주는 것이 좋습니다. 충분한 격려와 칭찬이 가장 좋은 훈련 방법입니다.

아이가 어느 정도 대소변을 가리다가 갑자기 실수나 후퇴를 하면 부모님 입장에서는 당황스럽고, 조급하게 됩니다. 이때 나도 모르게 잔소리를 하거나 대소변 본 기저귀를 계속 입게 하고 있는 등의 벌을 준다면 대부분은 악순환을 일으키게 됩니다. 힘들더라도 최대한 그런 모습을 보이지 않으시려는 노력이 필요합니다.

훈련 과정 중 기본적인 팁

- 아이에게 쉽게 입고 벗을 수 있는 옷 입히기
- 아이와 대소변 가리기 훈련에 관련된 다툼은 되도록 피하기
- 어른 변기를 이용한다면, 아이가 앉아 있을 때 물을 내리지 않기
- 너무 자주 화장실을 가고 싶냐고 물어보지 않기
- 남아는 소변은 앉아서 보는 것 먼저 연습하기(대변을 충분히 잘 가리게 된 다음에 서서 소변 보는 것을 가르치기)
- 변비가 있으면 먼저 해결하기(대변을 딱딱하게 보거나, 대변 볼 때 힘들어하는 경우)
- 밤잠이나 낮잠 시에 가리는 것은 낮시간에 충분히 가리기가 잘된 다음에 하기
- 잠에서 깬 뒤에 소변 보는 것을 격려하기
- 진전이 없으면 2~3개월 미뤘다가 다시 시작하기

저희 아이는 어린이집에 다닐 때 특히 대소변 가리기 훈련을 힘들어했습니다. 어린이집에서 다른 아이들과 생활하는 것은 훈련에 긍정적인 영향을 줄 수도, 부정적인 영향을 줄 수도 있습니다. 이미 대소변을 가리는 친구들과 같이 있으면 아이가 대소변 가리기에 흥미를 가지고, 자극이 되어 더 빨리 대소변을 가리게 되기도 합니다. 반면에 어린이집에서는 집에서처럼 대소변 가리기를 적절하게 도와주거나 격려해주기는 힘듭니다. 또 집에서와는 훈련 방법이 달라서 아이가 혼란스러워하거나, 주변 친구들과의 비교로 심리적으로 위축될 수도 있습니다.

따라서 선생님과 양육자가 미리 충분한 대화를 통해 어느 시기에, 어떤 방법으로 훈련을 시작할지를 정하면 좋습니다. 또 부모님이 이런 어려움 때문에 훈련 기간이 길어질 수도 있다는 것을 미리 알고 계시면 좋습니다.

대소변을 잘 가리다가 갑자기 못 가리는데 어떻게 해야 하나요?

일시적인 후퇴는 가장 흔한 문제입니다. 이는 정상적인 훈련 과정의 하나로, 실패로 생각해서는 안 됩니다. 특히 아이가 아프거나, 어린이집이나 집의 환경이 변할 때 더 잘 일어날 수 있습니다.

이때는 기존의 훈련 방법을 유지하면서 어느 정도 시간을 보내면 대부분 해결됩니다. 하지만 기간이 길어지거나, 아이와의 갈등이 너무 심해지면 훈련을 멈추었다가 다시 시작해도 좋습니다.

아이가 대소변 조절은 할 수 있는데, 변기를 거부합니다.

변기 거부도 가장 흔한 문제 중 하나입니다. 통계적으로는 훈련 중 20% 정도의 아이가 변기 거부를 합니다. 그 이유는 너무나 다양하고, 정확한 이유를 알기도 어렵습니다. 보통은 너무 이른 나이에 시작, 부모와의 과도한 갈등, 부모의 관심을 받으려는 목적, 변기에 대한 두려움이나 불안감, 만성변비, 예민한 성격 등을 원인으로 꼽습니다. 변기 거부의 해결 팁은 다음과 같습니다.

- 아이가 실수했을 때 벌, 잔소리 금지
- 훈련을 수주~수개월 중단하기
- 부모나 형제가 화장실을 사용하는 모습을 보여주고, 따라 하는 것을 격려하기
- 아이와 지속적으로 대소변 가리기 훈련에 대하여 이야기하기(대소변 가리기에 관련된 책이나 영상을 보여주는 것 포함)
- 아이가 스스로 기저귀를 갈거나, 버리는 것을 격려하기
- 아이가 단단한 대변을 보거나, 변비가 있다면 먼저 치료하기
- 아이가 잘했을 경우 달력에 좋아하는 스티커를 붙여주는 등의 칭찬 시스템 만들기

부모님이 마음의 여유를 가지는 것이 필요합니다. 기질적인 문제가 없는 대부분의 아이는 결국은 준비가 되면 자연스럽게 대소변을 가리게 됩니다. 너무 조급해하지 않고 아이가 좀 더 자라기를 기다려 줄 수 있어야 합니다. 변기를 거부하는 아이의

반 이상이 부모가 훈련을 끊었더니 결국은 3개월 이내에 스스로 대소변을 가렸다는 연구 결과도 있습니다.

> 66
>
> 어떤 방법이 내 아이에게 가장 좋은 방법일지는 알기 어렵습니다. 대소변 가리기를 늦게 시작하거나, 훈련이 늦어져도 괜찮다고 해도 부모님 입장에서는 마음이 조급해지기 쉽습니다. 하지만 위의 여러 가지 팁을 시도해 보고, 마음을 느긋하게 가지려고 노력하시다 보면 어느 순간에 아이가 성공적으로 대소변 가리기를 잘하는 모습을 볼 수 있을 것입니다.
>
> 99

66

소아과
의사 아빠가
속 시원하게
알려드립니다

99

Chapter 3

우리 아이
무엇을, 어떻게
먹일까요?

건강한 식습관 만들기의 기본

몸에 좋은 건강한 음식을, 너무 적거나 많지 않게, 스스로 잘 먹게 하는 것은 모든 부모님이 바라는 일이지만 실제로는 쉬운 일이 아닙니다. 논문에 건강한 식습관에 대한 실질적인 내용이 있어서 소개하려고 합니다.

❶ 식사 시간에 먹는 것과 관련하여 벌하지 않는다. 먹는 것은 정서적인 분위기가 중요하며, 식사는 즐거운 분위기에서 한다.

❷ 음식을 칭찬이나 상으로 주지 않는다.

❸ 부모, 형제, 친구들이 주위에서 역할 모델이 된다.

❹ 어릴 때부터 다양한 맛과 질감의 음식을 제공하려고 노력한다.

❺ 새로운 음식은 여러 번 주어야 적응할 수 있다. 여러 번 주어서 비호감을 극복해야 한다.

❻ 에너지 밀도가 낮은 음식을 제공하여 에너지 섭취를 조절한다.

❼ 아이의 음식에 대한 선호도를 억제하기보다는 바람직하지 않은 음식을 쉽게 얻지 못하게 한다.

❽ 특정 음식을 강요하면 그 음식을 싫어하게 된다. 처음 맛보는 음식을 두려워하는 것은 당연하다.

❾ 아이가 어른보다 포만감에 더 잘 반응한다. 음식을 남기지 않도록 강요하지 않는다.

이대로 한다고 해서 식습관이 하루아침에 바뀌기는 어렵겠지만 참고하여 노력하면 생각보다 큰 변화가 있을 수 있습니다.

　　습관의 사전적 의미는 '어떤 행위를 오랫동안 되풀이하는 과정에서 저절로 익혀진 행동 방식'입니다. 그만큼 좋은 습관이 만들어지는 데는 시간이 필요합니다. 처음엔 쉽지 않더라도 위의 내용을 참고하여 꾸준히 노력하신다면 점점 더 좋은 식습관을 가지게 될 것입니다. 지금의 작은 노력이 나중에는 큰 보상으로 올 수 있습니다!

우유에 대한 가이드

우유 영양분 분석과 섭취 가이드

우유는 가장 흔하게, 자주 접하는 음식 중 하나입니다. 우유 자체를 마시기도 하고, 빵이나 요리를 만들 때 쓰기도 합니다. 또 우유를 가공하여 치즈, 요거트, 버터 등의 식품을 만들기도 합니다.

성장기의 아이가 우유를 마시는 것에 대한 중요성은 오래전부터 강조되어 왔습니다. 제가 학교를 다닐 때도 우유를 급식의 형태로 먹었는데, 지금도 많은 학교나 유치원, 어린이집에서 아이들에게 우유를 제공하고 있습니다. 이렇게 학교나 유치원에서까지 우유를 주는 것을 보면 당연히 우유가 필요하고, 몸에 좋을 것 같다는 생각은 듭니다.

그런데 우유는 왜 몸에 좋을까요? 성장기의 아이들이 우유를 마시는 것이 왜 중요할까요? 또 어떤 우유를, 얼마나 마셔야 할까요?

우유의 영양분

우유와 유제품은 현대 사회에서 균형 잡힌 영양을 보충하는 데 아주 중요한 역할을 하고 있습니다. 우유에는 단백질, 탄수화물, 지방과 여러 가지 무기질, 비타민이 풍부하게 들어 있지만 영양적으로 가장 중요한 것은 단백질과 칼슘, 비타민입니다.

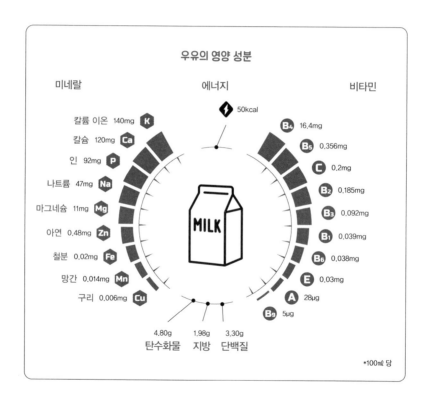

우유의 영양 성분

미네랄
에너지
비타민

칼륨 이온 140mg K
칼슘 120mg Ca
인 92mg P
나트륨 47mg Na
마그네슘 11mg Mg
아연 0.48mg Zn
철분 0.02mg Fe
망간 0.014mg Mn
구리 0.006mg Cu

50kcal

B4 16.4mg
B5 0.356mg
C 0.2mg
B2 0.185mg
B3 0.092mg
B1 0.039mg
B6 0.038mg
E 0.03mg
A 28μg
B9 5μg

4.80g 1.98g 3.30g
탄수화물 지방 단백질

*100㎖ 당

충분한 단백질의 섭취는 아이들의 성장과 발달에 필수적인 요소이기 때문에 매우 중요한데, 우유에는 필수 아미노산이 풍부하고 흡수도 잘 되는 훌륭한 단백질이 풍부하게 들어 있습니다. 따라서 적절한 양의 우유를 마시는 것만으로도 필요한 단백질의 상당 부분을 보충할 수 있습니다.

우유에는 소아에게 중요한 비타민과 미네랄이 많이 들어 있습니다. 특히 칼슘과 비타민 B2, B12는 아이들의 성장과 발달에 매우 중요한데, 이 영양분들은 우유를 통해 섭취하는 것이 매우 중요합니다. 우유를 충분히 먹지 않는다면 이런 영양분은 부족하기 쉽습니다.

칼슘만큼이나 뼈 건강, 성장에 중요한 것이 비타민 D입니다. 일반 우유에 비타민 D는 없지만 최근에는 우유에 비타민 D를 첨가한 제품들이 많이 나오고 있습니다. 비타민 D가 첨가되지 않은 우유를 마시는 경우라면 따로 비타민 D를 복용할 필요가 있어서 마시는 우유의 성분을 잘 확인하는 것이 필요합니다.

우유 하루 권장 섭취량

- **12~24개월** : '일반 우유'를 2컵(400~500cc) 정도 마실 것을 권장합니다.
- **24개월 이상** : '무지방 또는 저지방 우유'를 2~3컵(400~600cc) 정도 마실 것을 권장합니다.

이 정도 섭취하게 되면 칼슘은 하루 권장량의 반 이상을 섭취하게 되고, 다른 많은 영양소도 어느 정도 보충할 수 있습니다.

우유의 지방

우유의 지방은 70% 정도가 포화지방산입니다. 1~2세 아이는 성장과 발달에 많은 열량과 지방을 필요로 하기 때문에 일반 우유를 먹는 것을 권장하지만, 2세 이후에는 저지방 또는 무지방 우유를 먹는 것이 이득이 더 큽니다. 하지만 아이가 저체중, 영양 결핍이 있는 경우라면 당연히 일반 우유를 먹는 것이 좋습니다.

일반 우유(지방 4%)에서 저지방 우유로 바꿀 때는 가능하면 2% 저지방으로 바꿨다가 1% 저지방 또는 무지방 우유로 단계적으로 바꾸는 것이 좋습니다.

우유를 권장량보다 많이 마시면?

외래에서 가끔 아이가 우유를 하루에 1ℓ씩 마신다고 하는 경우가 있습니다. 우유를 너무 많이 마시면 포화감으로 인하여 다른 음식을 충분히 먹지 못하게 되어 영양 불균형을 초래할 수 있습니다.

또 칼슘의 과다 섭취는 철분, 마그네슘, 구리, 아연 같은 다른 미네랄의 섭취를 방해할 수 있고, 특히 철분 결핍에 의한 빈혈이 발생할 수 있어 주의가 필요합니다.

우유를 잘 먹지 않을 때는 어떻게 하나요?

생우유 대신 수프나 리소토 같이 우유를 첨가한 여러 음식으로 우유를 섭취하는 것도 괜찮습니다. 또 꼭 우유가 아니더라도 요거트나 치즈 같은 다른 유제품으로 대체하는 것도 괜찮습니다. 다만 치즈는 염분이 적은 어린이용 치즈를 먹는 것이 좋고, 요거트도 당분이 없는 플레인 요거트를 먹는 것이 좋습니다. 보통 치즈 한 장이 우유 100㎖와 영양 성분이 비슷하고, 요거트는 동량의 우유와 영양 성분이 비슷합니다. 당분이 첨가되어 있지 않은 어린이용 두유에도 요즘은 칼슘 등 필요한 영양분이 잘 첨가되어 있어 영양 성분만 잘 확인한다면 대체품이 될 수 있습니다.

> 66
>
> 우유는 성장하고 발달하는 시기인 소아의 영양 보충에 아주 중요합니다. 적절한 양과 종류의 우유 및 유제품을 꾸준히 먹는 습관은 건강한 식습관의 기본입니다.
>
> 99

돌아기 우유 가이드

혹시 '킨더밀쉬'라는 어린아이 우유에 대해 들어 보셨나요? 첫돌 이후의 아이들을 대상으로 한 '영양 강화 분유'의 한 종류인데, 최근 우리나라 회사들도 앞다투어 제품을 출시하면서 부모님들의 관심이 더욱 높아지고 있습니다.

영양 강화 분유는 영어로 Young child formula(어린이 분유), Toddler's milk(유아 우유), Growing up milk(성장 우유) 등의 다양한 명칭으로 불립니다. 국제적으로 공식 명칭은 'Young child formula(어린이 분유)'를 사용하라고 권고되고 있습니다.

어린이 분유는 우유를 기본으로 해서, 1~3세 사이의 아이에게 부족할 수 있는 영양소를 더 보충해 주는 목적으로 만들어졌습니다. 우리나라에서는 돌아기 우유, 성장 우유, 킨더밀쉬(킨더밀쉬는 상품명으로, 독일어로 어린이 우유라는 뜻) 등의 이름으로 불리고 있는데, 돌아기 우유가 그중에서는 가장 적절한 이름으로 생각됩니다.

여러 회사에서 여러 제품이 나오기 때문에 돌아기 우유의 성분은 너무 다양합니다. 돌 미만 아이들이 먹는 일반 분유와 달리 기본적인 규정이 없다는 것은 문제가 될 수 있지만, 최근에 대형 회사에서 나온 제품들은 어느 정도 비슷한 영양 성분으로 만들어지고 있습니다.

평균적으로 돌아기 우유는 일반 우유보다 단백질의 비율은 줄이고, 철분, 불포화지방산, 아연, 비타민 A, C, D 등의 영양소를 좀 더 포함하는 것이 특징입니다. 단백질을 줄인 이유는 이 시기의 아이가 필요 이상의 단백질을 섭취하는 것이 이후에 비만과 연관된다는 연구 결과가 있기 때문입니다.

돌아기 우유의 효과

다양한 성분이 추가되어 있지만, 현재까지 연구를 통해 증명된 효과는 생각만큼 크지 않습니다. 연구에서 일반 우유 섭취와 비교했을 때 철분, 비타민 D, 오메가 3, 불포화지방산 섭취의 증가가 확인되었고, 최근 일부 연구에서는 비타민 C, 아연 섭취가 올라간 것도 확인되었습니다.

생각만큼 큰 효과는 아니지요? 연구가 더 진행됨에 따라 추가적인 이득이 새로 밝혀질 수는 있지만 현재까지는 철분, 오메가 3, 불포화지방산, 비타민 C, D, 아연을 보충하는 한 방법으로 고려될 수 있다는 정도가 결론입니다.

편식하는 아이

편식이 심하고 밥을 잘 안 먹는 아이가 일반 우유 대신에 돌아기 우유를 마시게 되면 부족할 수 있는 중요한 몇몇 영양소를 보충할 수 있는 것은 맞습니다. 그러나 장기적으로 돌아기 우유를 먹는다고 식습관이 개선되는 것은 아닙니다. 오히려 약간의 단맛이 있는 돌아기 우유 맛에 너무 익숙해져서 많이 먹게 되면 밥을 적게 먹을 수도 있습니다. 또 일반식이 주된 식사가 되어야 하는 시기에 액체 음식에 대한 의존도가 높아져 안 좋은 식습관을 형성하게 될 수도 있습니다.

일반 우유와 마찬가지로 돌아기 우유도 1~3세의 아이들은 하루에 600cc 이상은 먹지 말아야 하고, 치즈나 요거트를 먹는다면 그만큼 양을 더 줄어야 합니다. 그 이상 먹는다면 일반 식사에 방해를 주거나 일반 음식을 통한 철분 흡수에 방해가 될 수 있습니다.

체중이 적게 나가는 아이

돌아기 우유가 일반 우유에 비해 칼로리가 더 높은 우유는 아닙니다. 아이가 밥을 안 먹을 때 살을 찌우는 목적의 우유라고 오해하실 수 있는데, 돌아기 우유는 몇몇 영양소가 더 포함되어 있고, 탄수화물, 지방, 단백질의 비율은 조금 다르지만 칼로리 자체는 일반 우유와 동일합니다. 따라서 동량을 먹을 때 살이 더 찌는 것은 아닙니다.

아이의 신장별 체중이 1백 명 중에 5번째 이하일 정도로 저체중이라면 적절한 진료를 받고 필요하다면 칼로리가 높은 성장 보충식 등을 고려해야 합니다. 돌아기 우유를 먹는다고 체중 증가가 되거나 식습관이 좋아지는 것은 아닙니다. 아이가 일반 우유는 잘 안 먹는데, 맛 때문에 돌아기 우유는 상대적으로 잘 먹는다면 어느 정도 도움이 될 수는 있습니다.

부모님의 심리적 의존

아무리 좋은 영양 보조 식품이 나와도 가장 좋은 것은 건강한 음식을 다양하게 섭취하는 것입니다. 1~3세는 점점 어른과 같은 식사를 하면서 음식에 대한 선호도와 식이 습관을 형성시키는 시기입니다. 따라서 다양한 음식을 접하게 하고, 처음에는 어렵더라도 점점 좋은 식습관을 갖게 하도록 교육해나가야 합니다. 아이에 따라서는 새로운 음식을 받아들이는 데 10번 이상의 시도가 필요하기도 하고, 좋은 식습관이 자리 잡는 데까지 수개월이 걸리기도 합니다.

아이가 돌아기 우유 같은 제품을 먹으면 부모님께서 아무래도 아이의 영양에 대해 안심하게 되고, 아이의 편식이나 나쁜 식습관을 개선하기 위한 노력을 소홀히 하게 될 여지가 있기도 합니다. 이런 제품은 어디까지나 보조적이라는 것을 잊지 마시고, 돌아기 우유와 별개로 좋은 식습관으로 충분한 영양 섭취를 하게 하려는 노력은 계속되어야 합니다.

돌아기 우유 외의 다른 방법

음식을 통해 철분, 불포화지방산, 비타민을 섭취하는 것이 가장 좋지만 추가적으로 보충하는 방법도 여러 가지입니다.

일반 우유 중에서도 '어린이 우유', '성장기 우유' 등의 이름으로 개발된 우유는 철분, 칼슘, 비타민이 강화된 우유로 영양 보충의 측면에서는 비슷한 효과를 낼 수 있습니다. 또 12~24개월 아이를 대상으로 나오는 분유에도 같은 영양적인 보충 효과가 있습니다(젖병을 돌이 넘어서까지 계속 사용하는 것은 좋지 않습니다).

만약 실제 검사로 철분 부족이 확인된다면 철분제를 2~3개월 복용하여 보충할 수 있고, 비타민, 아연 등도 필요 시 종합비타민 등을 통해서 보충할 수 있습니다.

돌아기 우유 권고 사항

유럽 소아 소화기 영양 학회의 돌아기 우유에 대한 권고 사항은 다음과 같습니다.

❶ 모유 수유를 생후 1년 이후에도 지속하기 원하는 경우는 모유 수유를 이어서 하는 것을 권고한다(생후 2년까지 가능).
❷ 돌아기 우유를 모든 아이에게는 권고하지 않는다.
❸ 돌아기 우유가 철분, 비타민 D, 오메가 3, 불포화지방산의 보충을 목적으로 사용하는 하나의 방법이 될 수는 있다.
❹ 건강하고 다양한 식이, 후기 분유(12~24개월), 영양 강화 우유, 다른 영양 보충제도 같은 목적으로 사용할 수 있다.

66

아이에게 가장 좋은 것은 다양한 음식을 통해서 영양분을 섭취하는 것
입니다(예외적으로 비타민 D는 추가적인 보충이 필요합니다. 이에 대해서는 뒤에
서 자세히 다루겠습니다). 식습관이 좋지 않거나 편식이 있거나 충분히 먹
지 않는 경우 돌아기 우유가 기존의 식사의 변경 없이 상대적으로 쉽게
영양을 보충할 수 있는 방법이 될 수는 있습니다.

아이가 신장별 체중이 성장곡선에서 5백분위수 미만일 정도로 체중이
적게 나가는 경우는 돌아기 우유를 먹기보다 진료 후 성장 보충식 등
다른 방법을 고려하는 것이 좋습니다.

99

마시기
국제 권고 사항

음료수에 대한 국제 표준 가이드

최근에 아이들의 건강에 관해 음료수가 핫이슈입니다. 결론적으로 아이의 건강에 음료수는 좋지 않습니다. 영양 관련 외국 학회에서는 '아이들의 가당 음료는 어른들의 술과 같다'라고까지 이야기합니다. 음료수가 왜 안 좋을까요?

과당과 성인병

당 중에 최근 건강과 관련하여 가장 주목받고 있는 것은 과당Fructose 입니다. 탄산음료, 주스, 사탕, 디저트, 과자 등 단맛이 추가되는 식품을 만들 때 단맛을 내는 원료로 가장 많이 사용되는 것이 액상과당입니다. 특히 탄산음료, 주스, 이온음료 등 가당 음료의 섭취가 늘어나면서 인공적으로 만들어진 과당의 섭취가 늘어나게 되었습니다.

문제는 여러 연구에서 과당 섭취의 증가가 비만, 2형 당뇨, 고혈압, 고지혈증, 지방간과 같은 만성 질환의 증가에 큰 영향을 주었다는 결과들이 발표되고 있는 것입니다. 게다가 아이들의 과당 섭취가 늘면서 이전에는 성인병으로만 알려져 있던 질환들이 소아 시기에 발병하는 비율이 점점 늘고 있습니다.

일단 음료수 자체가 고칼로리라 식사와 함께 음료수를 먹으면 아주 쉽게 추가적인 수백 칼로리를 섭취하게 됩니다. 또한 음료수는 오히려 포만감을 줄이고, 식욕을 증진시켜 식사도 더 많이 하게 합니다. 결과적으로 음료수를 즐겨 마시면 더 살이 많이 찌게 되고, 비만과 관련된 합병증이 발생할 위험도 더 늘 수밖에 없습니다.

밥을 잘 안 먹는 아이, 음료수라도 마시면 좋지 않을까요?

음료수로 칼로리를 보충하면 살도 더 찌고, 식욕도 증진된다고 하니 밥을 잘 안 먹는 아이에게 도움이 될 수도 있다고 얼핏 생각할 수 있습니다.

그렇지만 실제로는 밥을 잘 안 먹는 아이들, 특히 어린아이들일수록 음료수를 먹다 보면, 먹을수록 인공적인 단맛에 입맛이 익숙해져 밥을 더 잘 안 먹게 됩니다. 음료수뿐만 아니라 다른 과자, 젤리, 사탕과 같은 간식도 마찬가지여서 밥을 잘 안 먹는 아이들일수록 이런 간식을 되도록 안 주시려고 노력해야 합니다.

100% 생과일주스는 몸에 좋지 않나요?

100% 과일주스에는 비타민, 미네랄 등 추가적인 영양 성분이 있어 건강에 도움이 될 수 있으나, 고칼로리이고, 과당의 비율도 높습니다. 따라서 마신다면 하루에 200cc 이하로 마실 것을 권고합니다. 하지만 생과일주스를 마시면서 200cc 이하를 지키기 어렵기 때문에 매일이 아니라 가끔, 특별한 경우에만 마신다고 생각하는 것이 좋습니다. 평소에는 생과일주스보다는 생과일을 먹는 것이 좋습니다.

생과일로 더 많은 섬유질을 먹게 되고, 섬유질이 천연 설탕의 흡수를 줄이고 늦춥니다. 과일주스를 먹게 되면 생과일을 먹을 때에 비해 혈당이 쉽게 오르게 되고 인슐린이 더 많이 분비되어 당을 지방, 글리코겐으로 바꾸고 더 배가 고프게 만들어 음식을 더 많이 먹게 합니다. 또한 과일주스는 생과일을 먹을 때에 비해 과일 양 자체를 지나치게 많이 먹게 되기 쉽습니다.

> 음료수를 마시는 것은 습관인 경우가 많습니다. 익숙해지면 점점 더 많이, 더 자주 마시게 되고, 목이 마를 때 물 대신 음료수를 찾게 됩니다. 어릴 때부터 음료수를 자주 마시면 이런 습관이 생기는데, 아이의 건강에 아주 안 좋습니다.
>
> 외래에서 과체중으로 인한 비만 합병증이 생겨서 진료를 받는 아이들은 10명 중 7~8명 이상이 음료수를 즐겨 먹습니다. 이 아이들에게 가장 첫 번째로 하게 하는 것이 음료수를 끊는 것입니다. 그만큼 음료수는 건강을 해치는 큰 요인입니다.
>
> 아이들이 음료수를 아예 안 마실 수는 없겠지만 부모님께서 경각심을 가지고, 되도록 많이 안 마시도록 조절하시려는 자세가 필요합니다. 물론 부모님도 같이 줄이시면 좋습니다.

과일주스, 이것만은 알고 주세요

아이에게 과일주스 많이 주시나요? 간식 중에서 가장 간편하면서도, 건강한 간식이라고 생각하는 것이 과일주스입니다. 실제로 오랫동안 과일주스는 비타민과 미네랄, 수분 보충의 목적으로 자주 마시는 것이 권유되었고, 맛도 좋아서 아이들은 즐겁게 충분한 양의 과일주스를 마셔왔습니다. 그런데 과일주스를 너무 많이 마시면서 오히려 충치, 영양 불균형, 비만, 만성 설사 등의 문제가 발생하게 되었습니다. 과일주스는 언제부터, 얼마큼 먹는 것이 적당한 것일까요? 미국 소아과 학회에서 발표한 소아의 과일주스 섭취 지침의 주요 내용을 소개합니다.

❶ 12개월 미만의 아이에게는 과일주스를 주지 말아라

지침 중 가장 중요한 내용입니다. 12개월 미만의 아이는 모유나 분유로 충분히 영양을 섭취합니다. 이때 과일주스를 주게 되면 모유나 분유를 잘 안 먹게 되어 필요한 단백질, 지방, 비타민, 무기질의 섭취가 줄어들 수 있습니다. 심한 경우 영양 부족, 성장 부진을 초래할 수도 있습니다. 적어도 6개월, 보통 만 1세가 될 때까지는 과일주스를 주지 말아야 합니다. 다만 이유식 단계에 따라 생과일을 주는 것은 괜찮습니다.

❷ 1세 이후 적당량의 100% 생과일주스를 먹는 것은 건강에 도움이 될 수 있다

1세 이후에는 첨가물이나 당분이 첨가되지 않은 100% 생과일주스가 건강한 식습관의 한 부분이 될 수 있습니다. 물론 양 조절은 필수입니다. 논문에서 하루에 적당한 양을 제시하였습니다.

- **만 1~3세** : 하루에 약 100cc 이하
- **만 4~6세** : 하루에 약 100~170cc
- **만 7~18세** : 하루에 약 200cc 이하

매일 기계적으로 양을 딱 맞추기 어렵더라도 적정량을 알고 있는 것은 중요합니다. 종이컵 한 컵이 대략 180cc 정도니까 생각보다 굉장히 적은 양입니다.

❸ 과일주스를 줄 때는 일반 컵으로 주는 것이 좋다

들고 다닐 수 있는 병이나 통, 컵에 먹는다면 양이 너무 많을 수 있고, 치아 건강에도 좋지 않기 때문에 일반 컵에 적당량을 따라 주고 그 자리에서 전부 먹도록 해야 합니다.

❹ 가능하면 과일주스가 아닌 생과일을 먹어야 한다

매일 적당량의 과일과 채소를 먹는 것은 비타민과 미네랄 보충에 도움이 되고 장기적으로 심혈관 질환, 암 발생을 줄여줍니다. 1~4세 정도의 아이는 하루에 한 컵 정도의 과일, 10~18세 청소년의 경우는 하루에 두 컵 정도의 과일이 적당합니다.

하루 필요 과일의 반 정도는 100% 과일주스로 섭취해도 되지만, 생과일에 비해 섬유질도 적고, 같은 열량도 더 빨리 소모됩니다. 가능하

다면 과일주스보다 생과일을 먹게 하는 것이 좋습니다.

❺ 수분 보충은 주스가 아닌 물, 저지방 또는 무지방 우유로 하는 것이 더 적절하다

가끔 목이 마를 때 주스를 마시는 아이들이 있습니다. 매우 안 좋은 버릇으로, 주스로 수분 보충을 하게 되면 하루 적정량보다 더 많은 주스를 먹게 되고, 필요 이상의 당분과 열량을 섭취하게 됩니다. 수분 보충은 물 또는 저지방, 무지방 우유로 하는 것이 좋습니다.

❻ 과도한 과일주스는 비만, 저체중, 만성 설사, 복통, 충치 등을 유발할 수 있다

지나치게 많이 마시게 되면 몸에 영양학적 이상, 만성 비만, 복통, 충치 등 많은 문제를 일으킬 수 있습니다. 소아과에서도 영양 상담을 할 때, 또는 영양학적 이상이 있는 경우 과일주스의 섭취량을 꼭 체크합니다. 그만큼 소아가 과도한 과일주스를 섭취하는 경우가 많습니다.

> 66
>
> 과일주스, 특히 100% 생과일주스라면 몸에 무조건 좋다고 생각하기 쉽지만 너무 많이 마시는 것은 다양한 문제의 원인이 될 수 있습니다. 다시 한 번 아이가 마시는 과일주스의 종류와 양을 체크해 보세요.
>
> 99

영양 보충제 가이드

국제 최신
논문 기반의
육아 솔루션

종합비타민

이 글을 읽으시는 부모님은 혹시 종합비타민을 드시나요? 또는 아이에게 비타민을 먹이고 계시나요?

조사에 따르면 미국 소아의 34% 정도가 비타민을 먹고, 그중 반 정도는 매일 비타민을 먹습니다. 우리나라에서도 프로바이오틱스, 비타민, 아연 등의 보충제 중 하나 이상 먹고 있는 아이들이 절반 이상입니다.

"다른 아이들이 먹는다면 우리 아이에게도 좋은 것 같기는 한데…."

"비타민을 추가로 먹으면 감기가 좀 덜 걸리거나, 덜 피곤해질까?"

고민이 될 수밖에 없습니다.

비타민이란?

비타민은 우리 몸의 물질 대사나 생리 기능 조절에 소량은 꼭 필요한 영양소로서, 몸에서 전혀 합성을 못하거나 합성되는 양이 필요량에 미치지 못하기 때문에 음식을 통해서 섭취해야만 하는 특징을 가지고 있습니다.

비타민은 발견된 순서에 따라서 A, B, C, D, E 등의 순으로 이름이 지어졌는데, 그중에서 아이의 건강에 중요한 몇몇 비타민에 대해서 우선 간단하게 알아보겠습니다.

비타민 A

비타민 A는 당근, 브로콜리, 시금치, 콩 등의 채소에 많습니다. 시력에 가장 중요한 역할을 하고 면역력, 성장에도 영향을 줍니다.

비타민 A 결핍은 비타민 A가 함유된 식품을 안 먹을 때 오기도 하지만 기본적인 영양 상태가 안 좋은 경우에 비타민 A의 흡수, 저장이 저하되기 때문에 결핍이 오기 더 쉽습니다. 또 모유 수유를 하는 엄마의 비타민 A가 부족하다면 아이도 비타민 A의 부족이 있을 수 있습니다. 비타민 A가 부족하다면 야맹증, 안구 건조, 성장 부진, 면역력 약화 등의 증상이 발생할 수 있습니다.

비타민 B12

비타민 B12는 우유, 계란, 고기 등에 많습니다. 성인은 부족하더라도 별다른 증상이 없을 수 있으나 아이에게서는 증상이 더 빨리 나타날 수 있습니다.

특히 비타민 B12가 부족한 엄마가 모유 수유하는 소아에게 부족이 있을 수 있고, 이 경우 4~10개월 정도 소아에게 성장이 저하되고, 발달이 느려지며, 손을 떨고, 활동성이 줄어들고, 잘 안 먹는 등의 증상이 나타날 수 있습니다. 영아 이후의 소아나 청소년에서는 극단적인 채식주의를 한다던가 영양 흡수를 방해하는 질병을 가진 경우를 제외하고는 결핍이 흔하지 않습니다.

비타민 C

과일과 채소가 90% 이상의 비타민 C를 공급합니다. 따라서 고기, 빵, 유제품 등만 먹고 과일, 채소를 먹지 않는 심한 편식이 있는 경우 결핍이 발생할 수 있습니다.

소아에서 전형적인 증상으로는 아이가 피곤해하면서 잘 걷지 않으려고 하거나, 자반증, 부종, 잇몸 출혈, 근육통, 빈혈, 상처가 잘 낫지 않는 등의 증상이 있을 수 있습니다.

비타민 D

비타민 D는 햇빛을 충분히 쬐면 보충될 수 있지만 우리나라의 환경과 상황을 고려하면 부족하기 쉽습니다. 계절을 가리지 않는 미세먼지에 코로나까지, 외출이 정말 쉽지 않죠.

비타민 D가 부족하면 구루병, 골연화증 같은 뼈 건강과 관련된 질환이 발생할 수 있고, 최근에는 면역력 저하, 장기적으로는 당뇨병, 심혈관계 질환, 치매 등과의 연관성에 대한 보고도 점점 늘어나고 있습니다. 검사를 통한 부족 소견이 발견되면 단기간 고용량의 비타민 D 섭취가 필요하고, 부족하지 않거나 위험인자가 없더라도 평소에 유지 용량을 복용하는 것을 권유합니다. 이에 대해서는 뒤에서 좀 더 자세히 다루겠습니다.

비타민 E

비타민 E는 과일, 채소, 고기, 곡물, 식물성 기름 등에 많습니다. 다른 비타민에 비해 다양한 음식에 포함되어 있어서 결핍이 흔하지 않습니다.

하지만 심한 영양 장애가 있거나 담도, 췌장에 질환이 있는 경우에는 발생할 수 있습니다. 심한 결핍이 있다면 말초신경계에 문제가 생겨서 운동, 감각이 떨어지는 증상이 있을 수 있습니다.

사실 비타민 부족으로 발생하는 증상은 면역력 저하, 성장 부진, 식욕 저하, 피곤과 같이 비특이적인 증상이 많아서 심한 비타민 부족이 아니라면 증상으로 아이의 비타민 부족을 진단하는 것은 매우 어렵습니다. 아이가 감기에 잘 걸리거나, 잘 안 먹거나, 잘 안 자거나, 피곤해하는 모든 증상이 비타민 부족 때문이라고 짐작되기도 합니다.

따라서 증상으로 비타민 결핍을 의심하기보다는 상황, 식습관, 성장 상태, 어머니의 영양 상태(모유 수유하는 경우) 등을 고려하여 비타민 보충이 필요하면 보충을 하는 방향으로 접근해야 합니다.

비타민의 보충이 필요한 경우

- 미숙아
- 성장 부진이 있는 경우(저체중, 저신장)
- 편식이 심한 경우(비타민이 풍부한 특정 음식을 거의 먹지 않는 경우)
- 모유 수유하는 어머니의 비타민 부족이 의심되는 경우
- 오심(구역질)을 동반하면서 식욕이 저하되는 경우
- 환경 등의 원인으로 불충분한 영양 공급이 예상되는 경우
- 채식주의 식단을 하는 가정
- 흡수 저하가 예상되는 만성 질환을 가지고 있는 경우(간질환, 염증성 장질환, 단장 증후군 등)

비타민의 효과

비타민이 부족한 경우 보충해 주면 증상이 빠르게 좋아질 수 있습니다. 특히 잘 안 먹어서 성장 부진, 영양 결핍이 있는 아이는 잘 안 먹어서 생긴 비타민 부족이 오히려 더 잘 안 먹게 만들기도 해서 적절한 비타민 보충으로 악순환을 끊어주는 것이 중요합니다.

반대로 결핍이 없다면 보충해 주더라도 효과가 전혀 없습니다. 다양한 음식을 골고루 잘 먹고, 건강하게 잘 자라고 있는 아이는 비타민 D를 제외하고는 따로 규칙적인 보충제는 필요 없습니다.

진료할 때는 특정 브랜드를 추천하지 않고, '다양한 비타민과 무기질이 포함된 소아를 대상으로 한 대형 제약회사에서 나온 종합비타민' 정도로 설명합니다. 액상형, 캔디형, 젤리형 등 다양한 종류와 모양, 맛으로 나오기 때문에 부모님께서 아이의 상황과 취향을 고려하여 결정하시면 됩니다.

비타민 D

비타민 D는 음식이 아닌 햇빛이 주공급원입니다. 햇빛의 자외선 B가 피부의 상피세포에서 비타민 D를 합성하는 것이 90% 정도로, 다른 영양분과 다르게 음식으로 흡수되는 것이 아니라서 오히려 쉽게 부족할 수 있습니다.

비타민 D 부족은 어린아이에게 가장 큰 문제가 될 수 있습니다. 특히 모유 수유하는 영아의 햇빛 조사량이 적다면 비타민 D 부족이 발생하고, 이로 인해 저칼슘혈증에 의한 경련, 구루병 등이 발생할 수 있습니다.

구루병은 머리, 가슴, 팔다리 뼈의 변형과 성장장애를 일으키는 질환입니다. 구루병의 가장 흔한 원인은 비타민 D 결핍으로 생후 3~18개월 사이의 소아에서 가장 흔하게 발생합니다. 적절한 시기에 발견하고 치료하면 2~4주 이내에 뼈의 변형이 호전되기 시작하여 수개월 내에 정상화될 수 있지만 시기를 놓치면 회복이 어려울 수도 있습니다.

그렇다면 왜 어린아이, 특히 모유 수유하는 어린아이에게 비타민 D 부족이 더 많을까요? 앞에서 말씀드린 것처럼 비타민 D의 주된 공급원은 햇빛인데, 돌 미만의 어린아이들은 햇빛을 잘 못 쬐는 경우가 많습니다. 춥거나 덥다는 이유로 밖에 잘 나가지 않고, 나가더라도 꽁꽁 싸매고 나가서 햇빛을 충분히 쬐지 못합니다. 또 우리나라의 경우 겨울철에는 햇빛을 쬐더라도 충분한 비타민 D 공급이 어려운 환경이라 겨울에 태어난 아이는 비타민 D 결핍이 생기기 쉽습니다.

햇빛으로 얻는 비타민 D가 부족하다면 먹는 것으로 보충하면 좋은데, 안타깝게도 모유에는 비타민 D가 부족합니다. 특히 어머니가 출산 전, 후로 비타민 D를 복용하지 않았거나, 충분한 야외 활동을 하지 못한 경우 더 부족하기 쉽습니다. 최근 출시되는 분유에는 비교적 많은 양의 비타민 D가 있어서 분유 수유 아기는 괜찮지만, 모유 수유하는 아이들의 비타민 D 부족 가능성이 더 높아진 것입니다.

비타민 D 복용 가이드라인

미국 소아과 학회의 비타민 D 복용 가이드라인은 다음과 같습니다.

❶ 모유 수유 혹은 혼합 수유를 하는 경우 생후 며칠 이내로 비타민 D 복용 시작을 추천한다(400IU/day).
  ➡ 과거에는 생후 2개월까지는 괜찮다고 하였으나 여러 연구를 통해 빨리 복용하는 것이 좋다고 판명되었습니다.
❷ 복용은 중간에 분유 수유(하루에 1ℓ 이상 먹을 때)로 바꾸지 않는 한은 계속한다.
❸ 분유 수유를 하는 경우에도 생후 며칠 이내로 비타민 D를 복용을 시작하는 것을 추천한다(400IU/day). 분유를 하루에 1ℓ 이상 먹게 되면 비타민 D 보충량이 충분하기 때문에 복용을 중단해도 된다.
❹ 이유식을 먹게 되면서 다시 분유량이 1ℓ 이하로 줄면 다시 복용할 것을 추천한다.

비타민 D가 부족하다면 소아 시기부터 청소년 때까지도 계속 보충해야 합니다. 최근 미국 연구에 따르면 지역에 따라 적게는 16%, 많게는 54%의 청소년이 비타민 D 결핍이 있다는 결과가 있습니다. 우리나라에서도 71%의 청소년이 비타민 D 결핍이 있다는 연구 자료가 발표되었습니다.

이는 야외 활동이 줄어서 햇빛을 쬐는 일이 줄어든 것과도 관련이 있습니다. 우리나라의 위도가 34~38도 정도이기 때문에 여름철 점심에는 하루에 15~30분 정도 팔다리를 노출하고 태양을 쬐는 것으로도 충분한 비타민 D가 보충되지만, 겨울철에는 야외 활동만으로 충분한 비타민 D의 흡수가 어렵습니다.

성장기의 비타민 D 부족은 특히 뼈의 성장에 영향을 주기 때문에 적어도 청소년기까지는 비타민 D 보충에 주의를 기울여야 합니다.

비타민 D는 어떻게 보충해야 할까요?

비타민 D 단독 제재, 멀티비타민이 제품으로 나와 있고, 최근에는 우유에도 비타민 D가 제법 포함되어 있습니다. 따라서 생우유를 충분히 먹기 이전의 어린 시기에는 비타민 D 단독 제재를 복용하고, 우유를 잘 마시게 되면 비타민 D가 포함되어 있는 멀티비타민 정도를 추가로 복용하는 정도로도 충분할 것 같습니다. 하지만 평소에 먹는 우유나 비타민에 비타민 D가 포함되어 있는지, 어느 정도 포함되어 있는지는 확인해보는 것이 필요합니다.

우유 영양 성분 예시(1회 제공량 180㎖ 기준)

열량 80kcal			*영양소 기준치에 대한 비율		
탄수화물	8g	*2%	지방	2.9g	*6%
당류	8g		포화지방	2g	*13%
단백질	5g	*9%	트랜스지방	0g	
나트륨	90mg	*5%	비타민 D	2.25mg	*45%
칼슘	414mg	*59%	콜레스테롤	10mg	*3%

　　위의 표는 실제 판매되고 있는 어떤 우유의 영양 성분표입니다. 종류에 따라 다르지만 우유 한 잔에 하루 필요량의 1/4(비타민 권장량 400IU= 10mcg) 정도가 보통 들어 있습니다. 위 표에서 45%라고 되어 있는 것은 국내 비타민 D 하루 권장량이 아직 200IU이기 때문입니다. 우유에 생각보다는 많은 양의 비타민 D가 포함되어 있지요?

> 66
> 12개월 이전에는 분유를 1ℓ 이상 먹는 경우가 아니라면 비타민 D를 400IU 복용하는 것이 좋고, 그 이후에도 최소 청소년기까지는 비타민 D 보충제, 멀티비타민, 우유 등을 통해서 하루에 400IU씩 보충해 주는 것이 필요합니다.
> 99

프로바이오틱스

아이를 키우는 부모님이라면 프로바이오틱스, 유산균, 정장제에 대해 종종 들어보셨을 것입니다. 아이가 감기나 장염에 걸렸을 때 소아과에서 처방받는 약에 포함되기도 하고, 약국에서 광고도 하죠.

"건강에 좋다고 하니까 아이에게도 먹이면 좋을 것 같기는 한데…."

"장이나 면역력에도 좋다던데, 아토피에도 좋다고 하고…. 먹으면 진짜 도움이 될까?"

"가격도 만만치 않고, 종류도 너무 많은데…."

정장제, 프로바이오틱스, 유산균이 무엇인가요?

정장제는 장 기능을 조절하는 약물을 포괄하는 단어로 유산균, 소화제, 지사제, 항생제 등을 모두 포함합니다. 정장제를 프로바이오틱스의 의미로 사용하기도 합니다.

프로바이오틱스는 적절한 양을 복용했을 때 건강에 좋은 살아 있는 균을 말합니다. 이런 균들이 들어 있는 음식이나 약을 의미하기도 하는데, 대표적으로 락토바실루스 람노서스, 복합 프로바이오틱스인 VSL#3 등이 있습니다. 이 두 프로바이오틱스에 대한 연구가 활발합니다.

유산균은 젖산을 분비하는 균을 총칭하는데 대표적인 프로바이오틱스인 락토바실루스, 비피더스균이 여기에 속하기 때문에 유산균과 프로바이오틱스를 동일한 의미로 많이 사용합니다. 사실 모든 유산균을 프로바이오틱스라고 하기는 어렵지만 크게 중요한 문제는 아닙니다. 어쨌든 먹으면 몸에 좋은 균을 프로바이오틱스, 유산균이라고 하고 요구르트 등 특정 음식에 들어 있기도 하고, 동결건조해서 건강식품으로 나오기도 합니다.

프로바이오틱스가 왜 몸에 좋은가요?

프로바이오틱스는 소아에서 크게 두 가지 목적으로 사용합니다.

첫 번째 목적은 간단히 말해 장을 건강하게 만들어 주려고 사용하는 것입니다. 프로바이오틱스는 장의 면역 기능, 방어 기능을 좋게 하고, 나쁜 균의 영향을 줄이고, 영양분의 섭취를 효과적으로 만듭니다.

프로바이오틱스는 설사, 복통, 소화불량, 복부팽만감 등의 위장관 증상과 면역력, 영양적 측면에도 도움이 될 것으로 여겨집니다. 그러나 프로바이오틱스 복용의 효과가 연구를 통해 객관적으로 증명된 것은 생각보다 적습니다.

• 급성장염의 예방
• 항생제 연관 설사의 예방(항생제와 같이 복용하였을 때)
• 과민성 대장 증후군 증상 개선(특히 무른 변과 연관된 복통이 있는 경우)

일부 연구에서 효과가 있으나 더 많은 연구가 필요한 부분도 있습니다.

- 모유 수유하는 영아에서 영아 산통의 증상 개선
- 아토피 피부염의 고위험군에서 아토피 피부염의 발생 감소

현재까지는 효과가 적다는 것으로 결론난 부분은 다음과 같습니다.
- 변비 증상 개선(변비 증상에는 효과가 적습니다.)
- 호흡기 감염을 포함한 위장관 이외의 감염 예방 및 치료

여러 연구에 사용된 균의 종류, 양, 기간 등이 통일되지 않았고, 연구의 수도 아직 부족하기 때문에 정확한 결론을 내리기 어렵습니다. 이득이 없다고 이야기할 수는 없지만, 일반적으로 기대하는 만큼의 큰 이득의 증거는 아직 부족한 것이 사실입니다.

두 번째로 면역력이 형성되는 어린 소아 시기에 프로바이오틱스의 섭취가 면역 형성에 긍정적인 역할을 할 것을 기대하여 사용하는 것입니다. 보통 돌 이전의 아이들에게 장기적으로 먹이는 아기 프로바이오틱스나 분유에 포함되어 있는 프로바이오틱스가 이런 이득을 목적으로 합니다.

신생아가 처음 태어나면 장은 무균 상태였다가 빠르게 균들이 서식하게 되는데, 이때 여러 가지 요소(출생 주수, 모유/분유 수유, 감염 질환 노출, 환경 등)에 의해서 장에 있는 균들의 종류, 비율이 달라집니다. 아기의 면역 시스템 생성에 균의 종류와 비율이 중요한 것이죠. 따라서 면역이 형성되는 시기에 좋은 균인 프로바이오틱스를 섭취하게 하여 장내 좋은 균의 비율을 늘려준다면 나중에 위장관 관련, 비위장관 관련 질환(아

토피, 자가 면역 질환, 당뇨 등)의 발생을 줄일 수 있을 것이라는 이론이 있습니다.

큰 소아나 성인의 프로바이오틱스의 복용은 단기적 효과가 크지만 어린 소아, 특히 돌 미만의 소아에서의 프로바이오틱스의 복용은 장기적인 장내 세균의 변화를 만들 수 있습니다. 실제로 미숙아나 분유 수유를 하는 경우 더 큰 이득이 있을 것으로 생각되어 관련된 연구가 활발하게 진행되고 있지만 아직은 실질적인 연구 결과가 많이 부족한 상태입니다.

또 장기적인 장내 세균총의 변화가 긍정적인 효과를 줄 것으로 기대되지만 실제로 어떤 효과를 얼마큼 줄지, 부작용 여부에 대한 결론도 아직은 확실하지 않습니다.

프로바이오틱스를 먹었을 때 해로운 점은 없나요?

일부 면역 저하 상태의 소아에서 프로바이오틱스균에 의한 패혈증이 보고된 적이 있고, 만성 췌장염 같은 특정 질환의 환아에서 합병증을 유발한 보고는 있지만 건강한 영아, 소아에서 보고된 큰 부작용은 없습니다.

프로바이오틱스는 여러 질환, 증상과 관련하여 앞으로 가능성이 매우 큰 분야입니다. 하지만 아직은 밝혀지지 않은 부분도 많고, 특히 어떤 프로바이오틱스를 얼마큼, 얼마 동안 사용하는 것이 좋은지, 장기 복용 시의 효과, 면역, 부작용과 관련해 연구가 더 필요합니다.

막연히 기대하며 프로바이오틱스를 먹이기보다는 특정 위장관 증상이 반복될 때 증상의 개선을 위해 시도해 보는 것이 더 올바른 접근 방법입니다. 또 효과는 개인의 차가 크기 때문에 복용 후 평가를 통해 계속 복용할지를 결정하면 좋습니다.

> 66
>
> 영아 시기의 장기적 프로바이오틱스 복용은 아이의 면역 형성에 긍정적인 효과를 줄 것으로 기대되고 있는 것은 사실이지만 아직 구체적인 효과, 결과 등에 대해서는 연구가 부족합니다.
>
> 다양한 점들을 고려하여 결정하시면 됩니다. 특정 위장관 증상이 반복될 때 증상의 개선을 위해 시도해 보는 정도로 생각하시면 좋습니다.
>
> 99

아연

혹시 아이의 성장이나 면역력 때문에 아연 보충제를 먹여야 할지 고민해 보신 적 있으신가요?

아이 영양 보충제로는 비타민, 프로바이오틱스, 철분제가 대표적이지만 최근에 아연에 대한 관심이 늘어났습니다. 아연은 무엇이며, 어떤 경우에 먹는 것이 좋을까요?

아연이란?

아연Zinc은 우리 몸의 주요 대사기능에 관여하여 성장, 발달, 면역력에 중요한 역할을 하는 필수 미네랄입니다. 심한 결핍이 있다면 성장 부진, 발달 지연, 면역력 저하로 인한 잦은 감염, 입맛 저하로 인한 식이 부진, 피로 등의 증상이 있을 수 있습니다.

아연 결핍

아연은 다양한 음식에 분포되어 있어서 쉽게 결핍이 발생하지는 않습니다. 다양한 음식을 구하기가 어려운 나라에서는 결핍이 흔하게 보고되고 있지만, 현재 우리나라 상황에서는 밥을 너무 안 먹거나 심한 편식, 성장 부진이 있는 경우가 아니라면 결핍을 크게 걱정할 필요는 없습니다. 아연이 부족하지 않다면 추가적인 보충을 해도 별 이득이 없습니다.

하지만 아연 결핍이 의심되는 상황이라면 적절한 진료와 검사를 통해, 아연 보충이 필요한 경우 음식 또는 의약품을 통해 보충해 주는 것이 아이의 성장, 발달, 면역력 강화에 도움이 됩니다.

1세 미만의 영아

모유 수유를 하는 어머니가 심한 아연 결핍이 있는 경우가 아니라면 모유를 먹는 아기의 결핍은 흔치 않습니다. 분유에도 적절한 양의 아연이 포함되어 있어서 적절한 양의 분유 수유를 하는 아기 역시 아연 결핍을 크게 걱정하지 않아도 됩니다.

하지만 아이가 미숙아나 저체중으로 태어났을 때, 특히 계속 성장 부진이 있다면 아연도 함께 결핍되기 쉽습니다. 또 만삭으로 태어난 아기의 체중 증가가 더디거나 성장 부진이 있는 경우도 아연 결핍을 의심할 수 있습니다.

6개월 이후는 모유의 아연 함량이 줄고, 이유식 영양 의존도가 점점 높아지는 시기이기 때문에 이유식을 잘 먹는 것도 중요합니다. 이유식으로 고기를 충분히 먹는 것은 철분뿐만 아니라 아연 보충에도 효과적입니다.

1~5세의 소아

이 시기는 아연 요구량은 많은 시기면서 모유나 분유를 먹지 않기 때문에 아이의 식습관이 아연 보충에 굉장히 중요합니다. 아이가 골고루 음식(고기, 해산물, 우유, 계란 등)을 먹으면서 키, 몸무게가 정상 범위 안에 있는 경우라면 아연 부족을 크게 걱정하실 필요는 없습니다.

하지만 아이가 편식이 심하거나, 밥을 잘 안 먹고, 동시에 저체중, 저신장이 있는 경우라면 아연이 부족할 수 있습니다.

5세 이후의 소아

5세 이후는 그 이전보다 아연 보충이 성장에 미치는 효과가 상대적으로 적습니다. 하지만 결핍이 의심되는 경우라면 적절한 보충이 필요할 수 있습니다.

아연 결핍 검사

피검사로 아연 수치를 확인하는 방법이 가장 간단하고 많이 사용됩니다. 하지만 이 방법은 실제 결핍을 제대로 반영 못하는 때도 있고, 아이의 영양 상태, 질병 상태에 수치가 영향을 받기 때문에 단순히 수치만이 아니라 아이의 전체적인 식습관, 영양 상태, 증상들을 고려해야 합니다.

진료를 통해 아연 결핍이 확인되었다면 식품이나 의약품으로 보충할 수 있습니다. 심하지 않다면 아연이 풍부한 음식으로도 충분히 보충할 수 있지만, 결핍이 심하거나 아이가 아연이 풍부한 음식을 잘 안 먹는 경우라면 의약품을 통해 보충합니다.

아연이 풍부한 음식

아연은 굴, 곡물, 씨앗, 닭고기, 돼지고기, 소고기, 동물 간, 계란, 치즈, 우유 등 다양한 음식에 포함되어 있습니다. 특히 고기, 해산물, 우유, 계란 등에 있는 아연이 몸에 더 잘 흡수하기 때문에 결핍이 있거나 의심된다면 이런 음식들을 충분히 먹는 것이 중요합니다.

아연 섭취 권장량

연령	일일 섭취 권장량	일일 최대 섭취량
0~6개월	2mg	4mg
7~12개월	3mg	5mg
1~3살	3mg	7mg
4~8살	5mg	12mg
9~13살	8mg	23mg
14~18살	11mg (남) / 9mg (여)	34mg

아연 보충제

결핍이 의심된다면 보충제를 통해 연령별 일일 섭취 권장량 내에서 복용하는 것은 안전하고, 장기간 복용하는 것도 가능합니다. 하지만 확실한 결핍의 경우 단기간 일일 최대 섭취량 이상의 아연 보충이 필요할 수도 있습니다. 소아과에서 진료와 검사 후에 아이의 상태와 연령 등을 고려하여 복용 지도를 받으면 효과적입니다. 12개월 미만일 경우 아연을 비타민을 포함한 다른 미량영양소들과 같이 복용하는 것이 효과적입니다.

> 66
>
> 아이가 밥을 잘 먹고, 편식이 심하지 않고, 잘 자라고 있다면 아연 부족을 미리 걱정하실 필요는 없습니다. 성장, 발달, 면역력의 향상을 위해 아연을 추가적으로 복용할 필요는 없습니다. 하지만 성장 부진, 심한 식이 문제 등이 동반되며 아연 결핍이 의심되는 상황이라면 진료, 검사 후에 결과에 따라 적절한 방법으로 아연 보충이 필요합니다.
>
> 99

아플 때 음식 기본 가이드

장염, 설사, 구토할 때

외래에서 아이가 설사를 할 때 부모님께서 장염인지 아닌지를 많이 궁금해하십니다. 장염은 위장관에 염증성 변화가 생긴 것을 다 포함하는 개념인데, 임상적으로는 하루에 3번 이상(또는 평소 대변 횟수보다 2회 이상 더 많이) 무른 변을 보거나 설사를 하면 장염이라고 이야기할 수 있습니다. 하지만 염증이 생긴 위치에 따라 설사는 없으면서 구토, 구역감, 복통 등의 증상이 주증상인 장염도 있습니다.

장염의 원인은 매우 다양합니다. 어린 소아에서 로타바이러스, 노로바이러스, 장염 아데노바이러스 등의 바이러스 감염에 의한 장염이 가장 흔하지만 호흡기 감염, 중이염, 요로 감염 등이 있을 때도 장염이 있을 수 있고, 항생제 복용 후 설사를 하기도 합니다. 증상이 심하지 않고,

기간이 길지 않다면 시간이 지나면서 저절로 회복되기 때문에 정확한 원인이 꼭 중요하지 않습니다.

장염에 걸렸을 때 가장 중요한 것은 무엇인가요?

위에서 말한 것처럼 어린아이의 급성장염은 저절로 회복되는 경우가 많습니다. 따라서 원인균을 찾는 것보다 아이의 탈수 정도를 정확히 파악하는 것이 더 중요합니다.

특히 장염의 초기에는 구토가 동반되어 잘 못 먹거나, 설사 양이 많아서 탈수가 발생하기 쉽습니다. 이때 아이의 탈수 정도를 파악하고 수분을 보충(물, 경구 수액, 주사 수액 등)해 주는 것이 중요합니다. 적절한 수분 보충을 해준다면 대부분 잘 회복되지만, 탈수가 심한 경우라면 쇼크 반응, 신기능부전이 발생하기도 합니다. 따라서 탈수가 심하게 진행되기 전에 적절한 조치를 취하는 것이 중요합니다.

탈수는 어떻게 알 수 있나요?

맥박수, 혈압, 호흡, 피부, 점막 상태 등 여러 가지로 탈수를 확인할 수 있지만 집에서는 소변량과 컨디션을 잘 봐야합니다.

아이 소변량이 많이 줄면서 기운이 없거나 짜증을 내면 중등도 이상의 탈수가 있을 가능성이 높으며, 소변을 전혀 보지 않으면서 늘어지고,

잠만 자려고 하면 중증 탈수의 가능성이 있습니다. 이 경우에는 빨리 병원 진료를 받고 수액 치료를 하는 것이 필요합니다.

설사를 할 때는 무엇을 먹어야 하나요?

설사를 할 때 어떤 음식을, 언제부터 먹어야 한다고 생각하시나요? 정답은 '탈수가 해결된 이후 바로 평소 먹는 음식을 먹는다'입니다.

예전에는 음식을 먹으면 설사 양이 느는 것 같아서 일부러 적게 먹이거나 물만 먹이는 경우도 있었는데, 이는 좋은 방법이 아닙니다. 먹는 양이 적으면 탈수가 올 수도 있고, 또 설사를 하더라도 충분히 잘 먹게 하는 것이 장 점막의 회복에 도움이 됩니다.

또 설사하는 내내 죽만 먹는 것도 좋은 방법은 아닙니다. 장염 초기에 구토나 구역이 동반될 때는 죽같이 소화가 잘 되는 음식을 소량씩 자주 먹는 것이 도움이 될 수 있지만 설사가 주 증상인 경우에는 일반 밥을 먹어도 됩니다.

이온음료가 도움이 될까요?

설사를 할 때 수분 보충을 위해 아이에게 이온음료를 주시는 경우도 있는데 좋지 않은 방법입니다.

장 점막이 건강한 평소라면 수분 보충을 위해 마실 수도 있지만 장에 염증이 생겨 설사를 할 때는 당분과 전해질의 비율이 적절하지 않아 오히려 설사를 더 유발할 수 있습니다. 탈수가 심한 경우에는 이온음료보다 당분이 적고 전해질이 포함되어 있는 경구 수액 제재를 마셔야 하고, 탈수가 심하지 않은 경우는 물을 마시면 됩니다.

특별히 좋은 음식이 있나요?

평소 먹는 음식 중 곡물(쌀, 밀, 옥수수), 과일, 채소와 같은 복합 탄수화물, 기름기가 적은 살코기, 요거트 등이 고지방이나 단순 과당이 들어 있는 음식보다는 좋습니다. 너무 기름진 음식이나 과자, 사탕, 당분이 많이 들어 있는 음료수 등은 좋지 않고 일반적인 음식은 대부분 괜찮습니다.

약을 먹으면 장염이 빨리 나을 수 있나요?

세균성 장염에 항생제가 도움이 되는 경우가 있지만 바이러스에 의한 장염의 경우 병을 빨리 좋아지게 하는 항바이러스제는 없습니다. 몇몇 세균에 의한 경우는 항생제가 해가 되기도 해서 주의가 필요합니다.

장의 운동을 줄여서 설사를 줄이는 지사제는 소아에서는 사용하지 않습니다. 설사가 심할 때 분비를 줄이거나 양을 줄이는 데 도움이 되는 몇 가지 약이 있으나 경과를 크게 바꾸지는 못 합니다.

한때 논란이 되었던 돔페리돈을 포함한 구토를 줄여주는 약은 소아의 급성장염에서는 효과가 적고 부작용의 위험이 높아 최근에는 사용하지 않는 추세입니다. 또 장염에 의한 구토는 대부분 1~2일이면 호전되므로 그 사이에 탈수가 오지 않는 것이 중요하지 약을 통해 구토를 줄이는 것은 덜 중요합니다. 구토가 심하면 차라리 수액을 맞으며 입원하는 것이 이득이 될 수 있습니다.

프로바이오틱스가 급성장염에 의한 설사에 도움이 된다는 연구도 있지만, 뉴잉글랜드 의학 저널NEJM에 발표된 논문에서 지금까지 가장 연구가 많이 되었던 프로바이오틱스 중 하나인 락토바실러스 람노서스가 급성장염의 설사, 구토의 기간, 병원 방문 횟수 등을 줄이는 데 효과가 없다고 발표했습니다. 이전까지의 연구 내용과는 반대되는 내용이기 때문에 아직은 더 연구가 필요하지만 상당히 충격적인 결과였습니다(현재까지 장염 관련 가이드라인에서는 프로바이오틱스의 사용을 권고하고 있습니다).

> 66
>
> 장염, 설사는 가장 잦은 질환, 증상 중 하나입니다. 아이의 연령, 환경, 계절, 개개인의 특성 등에 따라서 너무나 다양한 원인과 예후로 나타나기 때문에 일반적으로 규정하여 말하기 어렵습니다. 그래도 장염과 설사에 대해 기본적으로 알고 계시면 아이를 키우시는 데 도움이 될 수 있을 것입니다. 아이가 장염에 걸리면 탈수 여부가 가장 중요합니다.
>
> 99

변비에 좋은 음식

변비는 간단하게 이야기하면 대변이 굵고 딱딱하여 배변이 힘든 상태입니다. 3~10% 정도의 아이들이 변비가 있을 정도로 흔한 소화기 질환 중 하나입니다. 외래에서는 부모님께서 변비에 어떤 음식이 좋은지, 약물 치료가 필요한지 많이 물어보십니다.

섬유질을 많이 먹는 것이 변비에 도움이 되나요?

급성 또는 만성변비가 있을 때 섬유질이 풍부한 음식을 많이 먹거나 영양제, 보조 식품 등을 통해 섬유질 섭취를 늘리는 것은 흔하게 권유되는 치료입니다. 그런데 이것은 반은 맞고, 반은 틀린 이야기입니다.

섬유질은 대변의 양과 수분흡수를 늘려주어 대변을 부드럽고, 쉽게 배출되게 도와줍니다. 섬유질이 부족한 경우에는 섬유질을 섭취하는 것이 변비 해결에 도움이 될 수도 있지만, 이미 필요한 만큼 섭취하고 있다면 더 많이 먹는다고 변비가 더 좋아지는 것은 아닙니다. 게다가 변비가 심해서 딱딱한 대변이 직장이나 대장을 막고 있는 경우에는 많은 섬유질의 섭취가 대변 정체를 더욱 심하게 만들어 만성변비를 악화시킬 수도 있습니다.

따라서 아이가 잡곡, 과일, 채소를 적당하게 먹어 권장량 정도의 섬유질을 섭취하는 것은 변비 해결에 도움이 될 수 있으나 지나치게 많은 섬유질을 섭취한다던가, 만성변비에 가까운 심한 심한 변비가 있는데 약물 치료 없이 섬유질 섭취만으로 해결하려고 해서는 안 됩니다.

적절한 섬유질 섭취량

소아의 적절한 섬유질 섭취량은 간단히 하루에 '나이+5~10g'으로 생각하면 됩니다(예를 들어 5살이라면 10~15g/일). 사실 알고 있더라도 매일 매일 식단에 적용하는 것은 쉽지 않습니다. 그래도 한 번 정도 우리 아이의 식단에 섬유질이 얼마나 들어 있는지, 혹시 너무 부족한 것은 아닌지 확인해 보는 것은 의미가 있습니다.

섬유질 섭취를 늘리기 위한 실생활 팁!

- 평소 먹는 음식에 고섬유질 음식을 포함시켜라.
- 빵이나 밥을 되도록이면 콩, 잡곡이 포함된 것으로 바꿔라.
- 조리하지 않은 생야채(당근, 양상추, 토마토 등)를 많이 먹어라.
- 생과일을 많이 먹고, 가능하면 껍질째로 먹어라.
- 과일을 잘 안 먹는 경우라면 과일주스, 건과일을 먹을 수도 있으나 가능하면 생과일을 먹는 것을 권유한다.
- 3세 이상은 견과류를 간식이나 샐러드에 포함시켜서 먹어라.

고섬유질 식품군

식품	섬유질 함량(g)	용량
완두콩	8.8	익힌 1컵
방울다다기 양배추	4.1	익힌 1컵
브로콜리	5.1	익힌 1컵
검은콩	15	익힌 1컵
렌틸콩	15.6	익힌 1컵
배	5.5	중간 크기 1개
아보카도	7.6	1/2개
통밀 파스타	6.3	익힌 1컵
통보리	4	익힌 1컵

수분 섭취를 많이 하면 변비가 좋아질까요?

수분이 부족하면 대변이 딱딱해지기 쉽기 때문에 수분이 부족한 경우라면 수분 섭취가 변비 해결에 도움이 될 수 있습니다. 하지만 하루에 필요한 양 이상으로 수분을 섭취하는 것은 변비 해결에 도움이 안됩니다.

하루에 필요한 수분량은 10kg이면 1,000mℓ/일, 20kg이면 1,500mℓ/일, 30kg이면 1,700mℓ/일 정도인데, 모든 수분을 합친 것이기 때문에 물로 섭취해야 하는 양은 이보다는 적습니다. 하지만 이보다 훨씬 적게 물을 마시는 경우가 있으니 체크해 보시고 하루에 1~2잔 정도의 물을 추가적으로 마시게 할 필요가 있습니다.

프로바이오틱스(유산균)가 변비에 도움이 될까요?

몇몇 연구에서 변비에 프로바이오틱스가 효과적이라는 결론도 있었지만 대규모 연구에서는 아직 이득이 증명되지 못하고 있습니다. 변비가 있다면 복용을 해볼 수는 있지만 1~2달 복용 후에도 효과가 없으면 계속 먹을 필요는 없습니다.

> 66
> 변비, 특히 만성변비 기준에 포함되는 경우는 특정 음식, 수분 보충, 프로바이오틱스 등으로 변비를 해결하려고 해서는 안 됩니다. 약물 치료와 병행하며 적절한 섬유질 섭취, 수분 보충을 하는 것은 효과적일 수 있습니다.
> 99

66

소아과
의사 아빠가
속 시원하게
알려드립니다

99

Chapter 4

평소 건강 관리에 무엇이 중요한가요?

국제 최신
논문 기반의
육아 솔루션

필수 지침 사항을 지켜주세요

영유아 건강검진 바로 알기

영유아 건강검진을 알고 계시나요? 국가건강검진은 국가의 지원으로 국민들이 무료로 받을 수 있는 건강검진을 말합니다. 직장인들을 대상으로 한 검진이나 5대 암 검진, 생애전환기 건강진단 등이 대표적인 국가건강검진이고, 2007년부터 시작된 영유아 건강검진도 국가건강검진의 하나입니다.

국가건강검진은 아주 많은 사람을 대상으로 하는 사업이고, 굉장히 많은 비용이 듭니다. 따라서 조기에 발견하면 치료, 관리가 가능하면서도 많이 중요한 질환만 대상으로 선정됩니다. 대표적으로 5대 암 검진이 조기에 발견하면 완치될 수 있으면서도, 중요한 질환이기 때문에 국가건강검진 대상입니다.

영유아는 일생 중 가장 빠른 성장과 발달을 보이는 시기로, 이 시기의 질환이나 이상은 평생 동안 영향을 미칠 수 있습니다. 이 시기의 문제를 조기에 발견하여 진단, 치료, 교정하는 것은 아이의 예후를 크게 바꿀 수 있기 때문에 굉장히 중요합니다.

예를 들어 선천성 난청은 조기진단으로 정상에 가까운 언어, 청각 발달을 기대할 수 있지만 진단이 늦어지면 그 효과가 매우 떨어질 수 있습니다. 성장, 발달 이상도 조기에 진단하는 것이 상대적으로 좋은 예후를 보이는 경우가 많습니다.

'무료로 아이의 건강검진을 할 수 있는데 왜 안 받지?' 아직 아이가 없으시거나 대상이 아니신 분들은 이런 의문을 가질 수 있지만 사실 챙기는 것이 만만치는 않습니다.

검진은 굉장히 자주 있고, 해당 시기를 하루라도 넘기면 무료로 받을 수 없습니다. 문진표도 미리 출력해서 작성해 가야 하고, 예약을 해야 원하는 날짜에 검사를 받을 수 있습니다. 아이가 한 명이라도 챙기는 것이 쉽지 않은데, 아이가 한 명 이상 있거나 아프기라도 하면 검사를 놓치기 쉽습니다.

그래도 영유아 건강검진 시기는 필수 예방접종 시기와 비슷하니 미리 영유아 검진과 예방접종을 날짜를 계획해서 자주 가는 소아과에 예약을 하고, 한꺼번에 검진과 접종을 하는 것이 가장 좋은 방법입니다. 힘들지만 미리미리 준비하시는 노력이 필요합니다.

영유아 건강검진 스케줄

검진 시기			항목
1차	건강검진	생후 4~6개월	신체계측(키, 몸무게, 머리둘레), 청각, 시각 등 문진 및 진찰, 건강교육(안전사고예방, 영양, 영아돌연사증후군 예방)
2차	건강검진	생후 9~12개월	신체계측(키, 몸무게, 머리둘레), 청각, 시각 등 문진 및 진찰, 발달선별검사 및 평가, 건강교육(안전사고예방, 영양, 구강)
3차	건강검진	생후 18~24개월	신체계측(키, 몸무게, 머리둘레), 청각, 시각 등 문진 및 진찰, 건강교육(안전사고예방, 영양, 대소변 가리기)
	구강검진	생후 18~29개월	구강문진 및 진찰, 구강보건교육
4차	건강검진	생후 30~36개월	신체계측(키, 몸무게, 머리둘레, 체질량), 청각, 시각 등 문진 및 진찰, 발달선별검사 및 평가, 건강교육(안전사고예방, 영양, 전자미디어 노출)
5차	건강검진	생후 42~48개월	신체계측(키, 몸무게, 머리둘레, 체질량), 청각, 시각 등 문진 및 진찰, 발달선별검사 및 평가, 건강교육(안전사고예방, 영양, 정서 및 사회성)
	구강검진	생후 42~53개월	구강문진 및 진찰, 구강보건교육
6차	건강검진	생후 42~53개월	신체계측(키, 몸무게, 머리둘레, 체질량), 청각, 시각 등 문진 및 진찰, 발달선별검사 및 평가, 건강교육(안전사고예방, 영양, 개인위생)
	구강검진	생후 54~65개월	구강문진 및 진찰, 구강보건교육
7차	건강검진	생후 54~60개월	신체계측(키, 몸무게, 머리둘레, 체질량), 청각, 시각 등 문진 및 진찰, 발달선별검사 및 평가, 건강교육(안전사고예방, 영양, 취학 전 준비)

매번 검사를 받아야 할까요?

영유아 건강검진은 전반적인 성장, 발달 사항을 점검하고 조기 발견이 중요한 몇몇 이상을 확인하는 것을 우선순위로 하고 있어 검사에서 이상 소견이 나오지 않는 경우가 많습니다. 이를 반대로 생각하면 가장 중요한 부분을 확인하는 과정입니다. 성인도 암 검진에서 대부분 이상이 없지만 혹시 암이 발견된다면 너무 큰일이기 때문에 검진을 받으시는 것처럼요.

또 시기에 따라서 시행하는 검사가 일부 다르고, 성장과 발달은 연속적인 변화가 정상인지를 관찰하는 것이 굉장히 중요하기 때문에 이전 검진에서 계속 괜찮더라도 다음 검진이 필요합니다. 예를 들어 키나 몸무게는 성장도표에서 정상이었던 아이가 한두 급 하락이 있으면 현재 정상 범위라도 이상 소견이 나오기도 합니다. 이런 이상은 연속 검사를 하지 않는다면 알 수 없습니다.

이상이 있으면 어떻게 해야 하나요?

검사 병원의 의사 선생님이 필요한 전문 진료과로 의뢰해 주십니다. 소견에 따라 소아청소년과 신경, 소화기 영양, 심장분과, 소아 안과, 소아 이비인후과, 소아 정형외과, 소아 비뇨기과, 소아 치과 등 다양한 분야의 선생님께 의뢰가 되어 진료, 추가적인 검사, 치료 등을 진행합니다.

성장 이상

가장 흔하게 발견되는 문제는 키, 몸무게 같은 성장의 이상입니다. 신체 계측 결과에서 5백분위수 미만, 95백분위수 이상, 이전 검진보다 한 두 급 변화가 있으면 전문의에게 의뢰하는 것으로 권고됩니다(여기서 백분위수는 연령별 이상적인 키, 몸무게를 기준으로 한 것으로 단순한 성장 순위는 아닙니다). 하지만 현재 우리나라 의료 보험 체계에서는 저체중, 저신장, 식이 문제, 비만 등은 질병으로 인정되지 않아 보험 진료(일반 진료)가 불가능하고, 진료에 대한 수가도 전혀 없는 상태입니다(저체중, 비만 관련 합병증은 보험 진료가 되지만 초기 진료는 안 됩니다).

심하지 않다면 1차 의료기관의 소아과 선생님이 진료를 통해 교육, 추적 관찰을 하겠지만 성장부진의 정도가 심하다면 전문적인 영양 상태, 식이 습관 평가, 원인 검사, 교육, 치료, 추적 관찰이 적극적으로 필요합니다. 하지만 현재는 일부 대학병원을 제외하고는 이와 관련된 진료 자체가 어려운 상황으로 앞으로 해결되어야 할 문제입니다.

66

영유아 건강검진이 무료인 것은 그만큼 중요한 검사이기 때문입니다. 객관적 검진을 통해 우리 아이가 잘 자라고 있는지, 이상이 없는지 확인하는 것은 굉장히 중요한 일입니다. 저도 두 아이의 아빠라서 검진을 매번 챙기기가 쉽지 않다는 것을 잘 알고 있습니다. 하지만 부모님께서 중요하다는 인식을 꼭 가지고 미리 챙겨서 아이가 잘 자라고 있는지 확인하셨으면 좋겠습니다. 혹시 문제가 있다면 조기 발견이 가장 중요하니까요.

99

질병을 예방하는 가장 좋은 방법 : 손 씻기

아이들은 면역 체계가 완성되지 않아서 바이러스나 세균에 쉽게 감염됩니다. 만 3세 정도는 되어야 최소한의 기본적인 면역력이 생기고, 만 5~6세 정도가 되면 어느 정도 면역 체계가 잡혀서 그래도 그전보다는 감기나 장염에 덜 걸립니다(다행히 생후 6개월 정도까지는 엄마에게서 받은 면역력이 어느 정도 남아 있습니다).

아이가 어린이집에 다니게 되는 경우, 위에 큰아이가 있는 둘째, 셋째는 감기나 장염에 자주 걸리게 됩니다. 단순 감기, 독감, 모세기관지염, 폐렴, 중이염, 부비동염, 수족구병, 노로바이러스 장염, 로타바이러스 장염 등 이전에는 들어보지도 못한 질병들을 아이를 키우게 되며 접하게 됩니다. 세상에 뭔 바이러스와 세균, 질병이 이렇게 많은지… 전에는 미처 몰랐지만 속상하지요.

우리 아이가 특히 면역력이 약해서 더 자주 걸리나 싶기도 하고, 그렇다고 어린이집이나 유치원을 안 다닐 수는 없고… 부모님의 고민은 계속됩니다.

그렇다면 아이가 감기나 장염에 덜 걸릴 수 있는 방법은 무엇일까요? 안타깝게도 근본적으로는 아이가 성장해 정상적인 면역력을 갖는 수밖에는 없습니다. 하지만 지금 실생활에서 할 수 있는 가장 간단하면서, 효과적인 방법은 '손 씻기'입니다.

손 씻기가 왜 중요할까요?

호흡기 감염, 장염과 관련된 세균, 바이러스의 감염은 손을 통해 이루어지는 경우가 많기 때문입니다. 아이들이 친구들과 놀고 장난감, 책 등의 물건을 만지면서 손에 바이러스, 세균들이 묻고 그 균을 눈, 코, 입에 가져가면 자연스럽게 감염이 됩니다.

언제 손을 씻어야 할까요?

어떤 물건, 사람을 만질 때마다 손을 씻을 수는 없기 때문에 어느 상황에 손을 씻어야 하는지 정해 놓고 교육하는 것이 좋습니다. 여러 연구를 통해서 아래의 상황에서 손을 씻으면 감염 예방에 도움이 된다는 것이 확인되었습니다.

반드시 손을 씻어야 하는 경우

아이가 꼭 손 씻어야 하는 경우	보호자가 꼭 손 씻어야 하는 경우
• 밥이나 간식 먹기 전 • 화장실에 다녀온 뒤 • 유치원에 갔다가 집에 돌아왔을 때 • 외출 뒤 집에 돌아왔을 때 • 애완동물을 만진 뒤	• 아이에게 음식, 약을 주기 전 • 기저귀를 갈아준 뒤 • 아이가 화장실 가는 것을 도와주고 난 뒤 • 청소하거나 쓰레기 버리고 온 뒤 • 외출 뒤 집에 돌아왔을 때

아이의 손을 잘 씻어주기 위한 단계

❶ 아이의 손을 따뜻한 물로 적신다.

❷ 비누를 손에 묻힌다.

　➡ 물비누가 관리하기 더 편하고 위생적입니다. 일반 고체 비누는 물
　　이 고이지 않게 관리해야 하는데 관리가 어려워 세균이 번식하는
　　경우가 많습니다.

❸ 양손을 문지르고 모든 부분을 빈틈없이 비누칠한다.

　➡ 특히 엄지손가락, 손끝, 손가락 사이를 신경 써서 닦는 습관이 필
　　요합니다.

❹ 비누칠하면서 10~15초 정도 문지른다.

　➡ 15초는 생각보다 깁니다. 아이에게 15초 정도 되는 노래를 부르면
　　서 손을 닦게 하는 습관을 만들어줘도 좋습니다.

❺ 비누와 먼지가 없어질 때까지 물로 깨끗이 닦는다.

❻ 깨끗한 종이 수건 또는 수건으로 손을 말린다.

알코올 소독 젤 사용

　알코올 소독 젤로 눈에 보이는 먼지 등을 제거할 수 없기 때문에 아
이들에게는 물로 손 씻기를 대체할 수 없습니다. 아이들은 다른 아이들
과 장난감을 공유하기도 하고, 흙장난도 치고, 크레용 등을 사용하기 때
문에 눈에 보이는 오염이 자주 관찰됩니다. 그래서 어린이집, 유치원,

집에서는 되도록 물과 비누를 사용한 손 씻기를 해야 하고, 알코올 소독 젤은 물 사용이 어려운 경우에만 추천합니다. 알코올 젤은 혹시라도 먹으면 무척 해롭고, 인화성이 높으니 아이의 손이 닿지 않는 곳에 보관해야 합니다. 아이가 사용할 때는 꼭 어른이 사용을 도와줘야 합니다.

하지만 어른은 손이 지저분한 것이 눈에 띌 정도로 오염되는 일이 드물어서 간단하게 알코올 소독 젤을 사용하면 시간도 적게 걸리고, 효율적이고, 손 피부에 자극도 적어 이득이 있습니다.

> 66
>
> 손 씻기가 중요하다는 사실은 모두 잘 알지만 그 효과는 저평가되고 있는 것 같습니다. 성인에게도 손 씻기는 중요하지만 아직 면역력이 약한 아이들에게는 특히 중요합니다. 손 씻기는 습관이기 때문에 아이에게 손을 잘 씻는 습관을 교육하고, 보호자도 꼭 손을 잘 씻는 습관을 들여야 합니다. 이 어렵지 않은 습관이 우리 아이에게 생각보다 훨씬 큰 도움이 될 수 있습니다.
>
> 99

예방접종의
모든 것

예방접종의 이득

아이 예방접종은 잘 챙기고 계시나요? 스케줄대로 맞추기만 하면 되지만 때마다 챙기기가 생각보다 쉽지 않습니다. 종류도 많고, 개수도 많지요. 그래도 최근에는 여러 혼합 백신이 나와서 주사 횟수가 많이 줄기는 했습니다. 예전에는 한 번에 3~4가지를 맞기도 했으니까요.

그런데 예방접종은 왜 꼭 해야 할까요? 질병을 예방하기 위해 당연한 것도 같은데 가끔 맞을 필요 없다는 사람도 있고, 부작용 이야기를 하는 사람도 있습니다.

감염병을 막는 방법으로 감염원과 감염 경로의 차단, 살균, 소독 등의 방법이 있지만 예방접종은 질병을 막는 가장 효과적이고 경제적인 방법입니다. 원리는 인체에 병원성을 약하게 하거나 제거한 미생물을 주사하여 해당 질환에 면역력을 미리 줘서 질병에 걸리지 않도록 하는 것입니다.

실제로 200년 전 천연두 백신의 개발 이후 지금까지 개발된 20여 가지의 백신에 의해 과거에 매우 흔하고 위중했던 여러 감염 질환이 90% 이상 사라지거나 매우 드문 질환이 되었습니다.

기본 접종

기본 접종(필수 예방접종)은 예방효과와 안정성, 해당 지역에서의 유용성, 비용, 효과를 모두 고려해서 결정합니다. 국가 지원으로 무료로 모든 소아에게 접종하게 하는 것은 그만큼 예방접종이 개개인에게, 또 국가적으로도 중요하기 때문입니다.

우리나라에서는 대한소아과학회 감염위원회에서 매년 수차례의 회의를 거쳐서 우리나라 상황에 맞게 예방접종 지침을 업데이트하고 있습니다.

2021년 무료접종 대상 백신(17종)

결핵(BCG), B형간염, 디프테리아/파상풍/백일해, 폴리오, b형 헤모필루스 인플루엔자, 폐렴구균, 홍역/유행성이하선염/풍진, 수두, A형간염, 일본뇌염, 사람유두종바이러스, 인플루엔자, 장티푸스, 신증후군출혈열, 로타바이러스, 수막구균, 대상포진

이전에는 선택 접종이었던 b형헤모필루스인플루엔자, 폐렴구균, A형간염이 무료접종에 포함되어 이제는 로타바이러스 접종을 제외하고는 아이들에게 필요한 예방접종은 대부분 무료접종에 포함되었습니다 (참고로 수막구균 백신은 현재로는 고위험군에게만 시행이 권고되고 있습니다). 기본 접종은 다 맞으시는 게 맞습니다.

예방접종의 이득 1 : 질환에 대한 면역력

예방접종은 맞는 아이에게 직접적으로 해당 질환에 대한 면역력을 줍니다. 결핵, 파상풍, 폐렴구균, A형간염 등의 질환은 감염이 의심되는 상황에서 접종 여부에 따라 치료의 방향이 달라지기도 하고, 실제로 환자의 예후에 큰 영향을 주기도 합니다. 예방할 수 있는 질환인데 접종을 안 해서 예후가 달라지는 경우는 너무 안타깝습니다.

가끔 이제 거의 사라진 질병에 대한 예방접종을 왜 하는지 궁금해하는 분이 계시는데, 이유는 드물게 해당 질환이 갑자기 다시 발병outbreak하는 경우가 있기 때문입니다. 점점 해외여행이나 외국과의 교류도 늘어나서 한국에서는 거의 사라진 질환이 다시 발생하는 경우가 많아지고 있습니다.

이런 드문 질환들은 예상하기 어려우니 면역력을 가지고 있는 것이 더욱 중요합니다. 예를 들어 미국에서는 2000년 이후 홍역 환자가 갑자기 늘었는데, 이때 발생한 환자들 중 86%는 접종을 하지 않았거나, 접종 여부를 모르는 환자들이었습니다.

예방접종의 이득 2 : 집단 면역력 형성

예방접종을 하면 집단 면역력을 형성하여 그 질환 자체를 줄어들게 하는 간접적 이득도 있습니다. 감염 질환은 집단에서 서로에게 옮기면서 점점 퍼져나가는데, 어떤 질환에 대한 면역력을 가지고 있는 인구의 비율이 충분하다면(보통 95% 이상) 자연스럽게 그 질환의 전염 자체가 줄어들게 됩니다. 이런 집단 면역은 특히 접종하기에 너무 어린아이나 접종을 하지 못하는 이유가 있는 일부 사람에게 큰 도움이 될 수 있습니다.

최근 외국에서 홍역, 풍진, 백일해, b형헤모필루스인플루엔자 등 예방접종으로 예방이 가능한 질환이 갑자기 늘어나면서 문제가 되는 경우가 있었는데 대부분 접종을 안 한 지역과 연관이 있었습니다.

예방접종의 부작용

부모님께서 예방접종을 할 때 가장 걱정하시는 것은 부작용 부분입니다. 상용되는 백신은 안정성이 충분히 확인되어서 미생물 감염 등이 문제가 되는 경우는 드뭅니다. 부작용은 대부분 통증이고 백신을 만들 때 사용되는 계란, 젤라틴, 효모, 라텍스에 대한 알레르기 반응이 일어날 수 있습니다.

맞은 부위의 통증, 발적, 발열

주사 맞은 부위가 붓거나 발적이 있으면서 아픈 것은 예방접종 후 꽤 흔한 증상입니다. 보통은 1~2일 이내에 저절로 호전되지만, 심한 경우 얼음찜질이 도움이 될 수 있습니다.

접종 후 발열도 꽤 흔합니다. 일반적으로는 미열이 대부분이지만 고열이 나는 경우도 있습니다. 1~2차례의 해열제 투여 후에도 발열이 지속된다면 다른 원인이 있을 수 있으므로 소아과 진료를 보는 것이 좋습니다.

알레르기 반응

피부 발진, 가려움증, 두드러기는 0.3~2.1% 정도에서 발생할 정도로 흔합니다. 대부분 30분 이내에 발생하지만 드물게 수 시간 이후에 발생하기도 합니다. 발진, 두드러기가 심한 경우는 항히스타민 등이 필요할 수도 있습니다.

가장 조심해야 하는 것은 아나필락시스 같은 심한 알레르기 반응입니다. 접종 후 아이가 호흡곤란, 늘어지는 모습, 복통, 구토를 보이거나 발진, 두드러기가 점점 악화된다면 아나필락시스일 수 있으니 빨리 응급실로 가야 합니다. 아나필락시스일 때는 빠른 에피네프린 주사 투여가 중요합니다.

예방접종 후 아나필락시스의 발생은 드물지만 발생한다면 생명의 위험이 있을 수도 있기 때문에 백신 접종 후 20~30분 동안은 의료기관에 머무르기를 권고합니다.

열성경련

디프테리아/파상풍/백일해, 홍역/유행성이하선염/풍진, 폐구균, 인플루엔자 예방접종 후 열성경련의 발생이 약간 늘어날 수 있다는 보고가 있습니다. 하지만 대부분 지속시간이 매우 짧고, 접종 후의 경련이 영구적인 뇌 손상이나 뇌전증의 원인이 된다는 근거는 없습니다.

실신

청소년이나 젊은 성인에서 주로 발생합니다. 대부분이 접종 후 15분 이내에 발생하기 때문에 접종 후 최소 15~30분 정도는 병원에서 안정을 취하는 것이 좋습니다. 실신 자체보다는 넘어지면서 다치는 것이 문제가 되는 경우가 많습니다.

> 예방접종은 개개인과 집단의 질병을 막는 가장 효과적이고 확실한 방법입니다. 일부 부작용이 있을 수도 있지만 얻는 이득이 훨씬 크기 때문에 접종하는 것이 필요하고, 중요합니다.

예방접종, 이것만 알면 됩니다

감염병은 세균이나 바이러스가 숙주에 침투한 후 숙주에 손상을 유발하는 질병을 의미합니다. 원래 인류의 가장 큰 건강 문제 중 하나였지만 특히 코로나바이러스가 전 세계적으로 유행하면서 감염병에 대한 관심이 그 어느 때보다도 높아졌습니다. 코로나바이러스는 예외지만 대부분 감염 질환의 발병률은 소아에서 가장 높습니다. 아직도 연간 수백만 명의 소아가 세균 또는 바이러스 감염과 관련된 질환으로 사망하고 있습니다.

감염병의 예방

감염병을 예방하는 방법은 요즘 확연히 효과가 확인되고 있는 마스크 쓰기, 사회적 거리두기같이 감염원과 그 경로를 차단하는 방법도 있고, 살균 및 소독을 통한 위생 개선을 하는 방법도 있습니다. 하지만 가장 확실하고 장기적인 방법은 예방접종입니다.

예방접종은 특정 병원체에 감염된 후 회복기에 얻어지는 면역기전을 이용한 것으로 1798년에 천연두 백신을 시작으로 여러 백신이 개발되어 사용되고 있습니다. 과학 기술이 발달함에 따라 새로운 균에 대한 백신이 지속적으로 개발되고 있고, 기존의 백신도 효과를 증가시키거나 부작용을 줄이는 방향으로 개선되고 있습니다.

최근 코로나바이러스 백신이 개발되면서 새로운 방식의 'mRNA 백신'이 사용하기 시작했는데, 연구와 데이터가 충분히 확보된다면 코로나바이러스 이외에 새로운 바이러스에 대한 백신도 더 많이 개발될 것으로 기대되고 있습니다.

예방접종의 효과

예방접종의 효과는 역사적으로 증명되었습니다. 과거 대유행이 반복된 천연두는 예방접종에 의해 박멸했고, 폴리오, 디프테리아, b형 헤모필루스 인플루엔자와 같은 심각한 감염 문제도 이제 국내에서는 거의 보기 힘들 정도로 줄었습니다. 최근 저에게 피부로 와 닿는 것으로 로타바이러스 감염 감소가 있습니다. 전공의 때만 하더라도 아이 장염의 가장 흔한 원인 중 하나였는데, 로타바이러스 백신이 널리 사용되면서 이제는 드물다고 느껴질 정도로 로타바이러스 장염 환자가 많이 줄었습니다. 그만큼 예방접종이 효과적이라는 것이겠지요.

필수 예방접종 중 알고 계시면 좋을 내용

• **BCG 백신** : 결핵 예방접종입니다. BCG 접종은 결핵 수막염을 포함한 심한 전신 결핵의 예방에는 효과가 있지만, 폐결핵이나 잠복 결핵의 억제 효과는 충분하지 않습니다. 중증 결핵을 예방할 수 있으니 우리

나라처럼 결핵이 많이 발병하고 있는 나라에서는 당연히 BCG 예방접종이 필수이지만, BCG 예방접종을 맞았다고 해서 아예 결핵이 걸리지 않는 것은 아닙니다.

➡ 피내용과 경피용 접종은 결핵 예방 효과 면에서 크게 차이가 없습니다. 피내용은 국가 필수 접종이기 때문에 무료라는 장점이 있고, 경피용은 시간이 지나면 흉터가 더 흐려져서 잘 안 보인다는 장점이 있습니다. 원하시는 것으로 선택하시면 됩니다.

• **폐구균 백신 :** 폐구균은 상기도 감염, 폐렴, 중이염, 부비동염, 폐혈증, 수막염 등의 흔한 원인입니다. 2005년까지만 하더라도 우리나라 5세 미만의 세균 질환 중 가장 흔한 원인이었으나, 백신 도입 이후 급격히 감소하고 있습니다. 최근 이전에는 흔하지 않았던 폐구균 혈청형(백신에 포함되지 않은)의 감염이 점점 늘고 있어 새로운 혈청형을 추가한 백신이 개발 중에 있습니다.

➡ 폐구균 10가 백신과 13가 백신은 양쪽 백신의 장단점이 있기 때문에 소아 감염 전문 교수님들 사이에서도 의견이 갈리고 있습니다. 원하시는 것으로 선택하시면 됩니다.

• **일본뇌염 백신 :** 일본뇌염은 작은빨간집모기에 의해 매개되는 인수공통 감염병입니다. 백신 도입 이후에는 많이 줄었지만 해에 따라 환자 발생이 증가하기도 하고 만약 일본뇌염에 걸린다면 특별한 치료법이 없기 때문에 백신 접종을 통해 미리 예방하는 것이 최선입니다.
백신은 불활성화 백신과 생백신이 있습니다. 생백신은 2회만 맞아도 되고, 사백신은 총 5회를 맞습니다. 면역원성은 사백신이 약간 더 좋다는 연구 결과가 있지만 큰 차이는 아닙니다. 생백신의 금기사항(면역 결핍 환자, 이전에 생백신에 이상 반응이 있었던 환자들)에 해당되는 경우는 사백신을 맞아야 합니다.

> 66
>
> 2018년 발표 자료에 따르면 우리나라 어린이 예방접종률은 생후 12개월에는 96.8%, 24개월은 84.7%, 36개월은 90.8%, 72개월은 88.3%입니다. 다른 선진국에 비해서도 3~10% 높은 접종률이지만 그래도 접종률을 더 높이기 위한 지속적인 노력이 필요한 이유는 예방접종이 아이들의 건강을 지키는 가장 기본이기 때문입니다.
>
> 99

코로나바이러스 대유행의 시대, 독감 예방접종의 중요성

　끝이 보이지 않는 코로나바이러스 대유행으로 정말 정신없이 시간이 흘러가고 있습니다. 이번에는 독감 예방접종과 코로나바이러스 대유행의 시대에 독감 예방접종의 중요성에 대해 다뤄보려고 합니다.

독감 예방접종

　독감 예방접종(인플루엔자 바이러스 백신)은 세계보건기구에서 해마다 유행하는 바이러스 타입을 예상하여 만듭니다. 모든 아형과 계통을 다 포함하는 백신은 만들기 어렵고, 전 세계 사람들이 맞을 독감 예방 주사를 해마다 만들기 때문에 세계보건기구에서 미리 유행이 예상되는 바이러스를 골라서 발표하면, 백신 제조사들이 해당 바이러스를 예방하는 백신을 만듭니다. 이렇게 유행하는 바이러스를 미리 예상하여 만들기 때문에 그해의 예상이 잘 맞는지에 따라 매년 예방접종의 효과는 차이가 좀 있습니다.

　독감 예방접종에는 크게 3가 백신과 4가 백신, 2종류가 있습니다. 3가 백신은 A형 독감 바이러스 중 2종류, B형 독감 바이러스 중 1종류를 예방하는 효과가 있고, 4가 백신은 거기에 B형 바이러스 1종류를 더 추가해서 예방하는 효과가 있습니다.

무료 예방접종

독감은 국가에서 무료로 지원하는 대표적인 예방접종입니다. 국가 예산을 들여서 지원한다는 것은 개인적, 사회적으로 일정 이상의 효과가 있다는 뜻입니다.

2020년에는 정부에서 1천9백만 명(전 국민의 37%)에게 인플루엔자 4가 백신을 무료 지원했고, 올해는 더 확대될 수 있습니다. 생후 6개월~만 18세의 소아청소년과 임산부, 만 62세 이상 어르신이 무료 접종 대상입니다. 소아청소년에서 무료접종의 대상이 만 12세에서 만 18세로 확대된 것과 3가가 아닌 4가 백신을 무료 지원해 주는 것이 작년과 달라진 점입니다. 참고로 2019년 부터는 소아를 대상으로 한 모든 인플루엔자 백신은 4가로 만들어집니다.

어린이 인플루엔자 무료 예방접종을 제공하는 지정 의료기관은 전국적으로 약 1만여 곳이 있으며, 주민등록상 거주지에 상관없이 전국 어디서나 무료접종을 받을 수 있습니다. 지정 의료기관은 예방접종도우미 누리집(https://nip.cdc.go.kr)에서 확인 가능하니 참고해 주세요.

예방접종은 언제 하는 것이 좋을까요?

9~10월 접종을 권고합니다. 9월 이전에 너무 일찍 접종하면 독감 유행이 길어지는 경우 후반에 예방 효과가 떨어질 수 있습니다. 11월 이후

는 독감 유행이 이미 시작된 이후일 수 있어서 집단 면역을 형성하여 독감의 유행을 줄이고자 하는 예방접종의 목적에도 맞지 않고, 개인적으로 봐도 독감이 걸릴 위험이 늘어납니다.

혹시 시기를 놓쳤다면 당연히 11월 이후라도 접종을 추천합니다. 독감은 한 번 걸렸다고 하더라도 여러 타입이 동시에 유행할 수도 있어서 다시 걸릴 수도 있습니다. 미국 질병관리본부와 미국 소아과 학회에서도 10월 말까지는 접종을 완료할 것을 권고하고 있습니다.

최근 우리나라 인플루엔자 유행주의보 발령 시점은 아래와 같습니다.

(2017) 12. 1. → (2018) 11. 16. → (2019) 11. 15.

2020년에는 마스크 착용과 사회적 거리두기의 효과로 인플루엔자 유행이 없었습니다.

코로나바이러스와 독감

코로나바이러스 감염은 SARS-CoV-2, 독감은 인플루엔자 바이러스가 원인으로 다른 질환입니다. 문제는 일으키는 증상이 유사해 임상 증상만으로는 두 질환의 구분이 어렵다는 것입니다.

독감과 코로나바이러스가 동시에 유행하게 되면 열, 호흡기 증상이 있는 환자 수가 급격히 늘어나고, 이 환자들에게 두 바이러스에 대한 검사를 모두 시행하면서 결과에 따라 다른 치료를 해야 하니 의료적 부담은 몇 배로 커질 수밖에 없습니다. 다행히 2020년은 사회적 거리두기와 마스크 착용, 독감 예방접종의 효과로 독감의 유행이 거의 없었습니다

(저는 소아 환자 중 독감 환자를 딱 한 명 봤습니다). 만약 2020년에 독감까지 예년과 비슷하게 유행했다면 아마 지금과는 비교도 할 수 없는 사회적, 의료적 혼란이 있었을 것입니다. 같은 이유로 사회적 거리두기의 완화가 예상되는 2021년 겨울은 개인의 건강과 사회의 안정을 위해 독감 예방접종이 더욱 중요합니다.

독감, 코로나바이러스 감염 검사

인플루엔자 바이러스는 개인병원에서 간이검사, 상급병원에서 항원 검사, PCR 검사 등으로 확인 가능하고, 코로나바이러스는 지정된 병원, 보건소, 임시선별검사소 등에서 간이 검사, PCR 검사 등으로 확인합니다. 독감 유행을 대비하여 인플루엔자와 코로나바이러스를 동시에 검사하는 검사를 도입 고려 중이라는 소식이 있지만 아직은 도입되지 않았습니다.

독감 예방접종이 코로나바이러스 감염을 예방할 수 있나요?

다른 두 바이러스이기 때문에 독감 예방접종의 코로나바이러스 감염 예방 효과는 없습니다. 하지만 잠재적으로 부족할 수 있는 의료 자원을 보존하는 데는 큰 도움이 됩니다.

> 독감 예방접종은 매년 중요했지만 코로나바이러스가 유행하고 있는 올해는 특히 중요하고, 상대적으로 취약한 우리 아이들에게는 더욱 더 중요합니다.
> 예방접종을 하면 아무래도 많은 사람이 모이게 되어서 코로나 감염 예방을 위해 여러 기관에서 대책을 마련하고 있습니다. 지침에 따라 안전하게 접종하세요.

치아 관리 가이드

유치의 시기와 순서

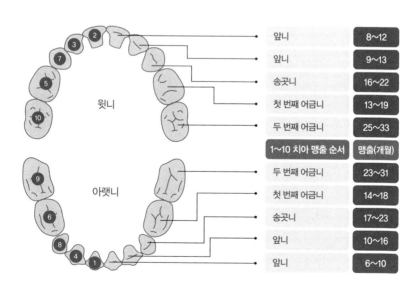

윗니		
	앞니	8~12
	앞니	9~13
	송곳니	16~22
	첫 번째 어금니	13~19
	두 번째 어금니	25~33

1~10 치아 맹출 순서	맹출(개월)
두 번째 어금니	23~31
첫 번째 어금니	14~18
송곳니	17~23
앞니	10~16
앞니	6~10

아랫니

위의 그림은 유치가 나는 평균적인 개월 수를 보여주는 그림입니다. 아이마다 다를 수 있지만 보통 앞니, 송곳니, 어금니 순서로 치아가 나옵니다.

젖니 또는 유치는 탈락 치아라고도 하며 보통 생후 6개월부터 나오기 시작해서 생후 2년 반이 되면 다 나옵니다. 간단히 계산하는 방법으로는 '유치의 수＝생후 월령-6'으로 계산할 수 있습니다. 예를 들면 생후 12개월 된 아기의 유치 수는 12-6＝6개인 것입니다. 평균적으로요.

그런데 실제 유치가 나오는 시기는 아기마다 상당한 차이가 있습니다. 2천 명 중에 1명 정도는 태어날 때부터 이미 이가 나와 있기도 하고 어떤 아기는 돌이 지나서 처음으로 이가 나기도 합니다.

언제까지 유치가 나지 않으면 걱정을 해야 할까요?

13개월까지도 이가 하나도 나오지 않는다면 영양 장애나 내분비 질환, 또는 골 형성 저하증 같은 질환이 있을 수도 있으니 기본적인 검사가 필요합니다. 그러나 치아가 나지 않았다고 해서 꼭 문제가 있는 것은 아닙니다. 검사를 해도 대부분 특별한 이상이 없이 늦는 경우가 많습니다.

또 치아가 나올 때는 그 부위를 덮은 잇몸이 압박을 받기 때문에 아이가 보채고 침을 흘리며 젖을 몹시 빨거나 씹으려고 하는 증상이 나타날 수 있는데요. 이는 자연스러운 현상이며 특별히 치료할 필요는 없습니다.

충치, 예방이 가장 중요합니다

소아에서 치아 건강의 가장 큰 문제는 충치입니다. 미국의 경우에는 만 2~4세 사이 소아의 24%, 6~8세 사이 소아의 53%가 충치를 가지고 있다는 보고가 있을 정도로 충치는 심각한 만성 질환이라고 할 수 있습니다. 게다가 다른 만성 질환들과 달리 충치는 10년, 20년 전과 비교하여도 줄지 않고 있으며, 특히 2~4세 소아의 충치는 10년 전보다 오히려 늘었습니다(19% ⇨ 24%). 정확한 원인은 아직 밝혀지지 않았지만, 아무래도 단 음식들을 접하는 것이 이전보다 훨씬 쉬워졌기 때문으로 추측됩니다.

충치 예방의 핵심 두 가지

첫 번째는 단 음식의 위험성을 정확히 인지하는 것입니다.

단 음식이 아이의 건강에 안 좋다고 다들 알고 계시지만, 치아 건강과는 밀접하게 생각을 안 하시기 쉬운데, 설탕은 충치의 매우 큰 위험인자입니다. 아이가 단 간식, 음료를 덜 접하게 하는 것이 아이의 치아 건강에 매우 중요합니다.

• 자기 전에는 물 이외의 음료를 마시지 말 것
  ➜ 잘 준비를 하면서 습관적으로 주스 등 음료수를 마시는 경우가 있

는데 매우 안 좋습니다.

- 식사 시에도 단 음식과 음료를 적절하게 제한할 것
- 주스는 되도록 100% 주스만 마시게 할 것
- 100% 주스도 하루에 150cc 이하로만 마실 것
  ➡ 지침에 특히 주스와 같은 음료 이야기가 많은데 아무래도 사탕이나 초콜릿, 과자보다는 덜 해롭다고 생각하며 주기 쉽기 때문입니다. 그래서 아이들이 많이 먹게 되고, 치아 건강의 안 좋은 영향을 미치는 경우가 더 많습니다.

두 번째는 치실, 칫솔 등으로 치아를 잘 닦고 관리하는 것입니다.

- 6개월 전후, 치아가 나자마자 하루에 2번 치아를 닦아야 한다.
- 아이가 칫솔질을 아주 잘하기 전(보통 만 8세 전후)까지는 부모가 치아를 닦아주거나 감독하는 것이 필요하다.
- 부모나 같이 사는 가족이 심한 충치가 있거나 있었다면, 먹던 음식을 나눠 먹는 것을 삼가야 한다.

> 66
> 어릴 때부터 단 음식을 적게 먹는 것과 양치, 치실을 잘 해주는 것이 핵심입니다. 소아 충치의 원인 중에 치실을 제대로 하지 않는 경우가 많고, 어떤 치과 선생님은 충치 예방에 치실이 더 중요하다고도 말씀하십니다.
> 99

0~6세 치아, 이것만 지켜주세요

저는 아이를 데리고 어린이 치과를 갈 때면 항상 긴장이 됩니다. 아무래도 치과에 들어가면 본능적으로 긴장하게 되기도 하고, 아이가 검진을 받아도 제가 숙제 검사를 받는 느낌이 들어서 그런 것 같습니다. 검진을 마치고 선생님께서 아이 치아가 깨끗하다고 해주시면 제가 다 칭찬받는 것 같고, 충치가 조금이라도 있다고 하면 반성을 하게 됩니다.

충치, 부정교합을 포함한 대부분의 치아 문제는 아이가 어릴 때 시작되고, 이러한 문제는 정기적인 검진과 관리로 예방할 수 있습니다. 반대로 어릴 때 치아 관리에 소홀하면 나중에 심각한 치아 문제로 이어질 수 있습니다.

구강검진

연구에 따르면 어린 시기부터의 정기적인 구강검진, 교육이 구강 문제를 예방하는 데 확실한 도움이 됩니다. 미국 소아과 학회와 미국 소아치과 학회에서는 이상이 없더라도 생후 6개월 이후부터 정기적인 치과 검진을 권유합니다. 36개월까지는 6개월에 한 번씩, 그 이후는 1년에 한 번씩 검진하는 것이 기본 지침입니다.

우리나라에서는 영유아 검진에 구강검진이 포함되어 3번(생후 18~29개월, 42~53개월, 54~65개월)은 무료로 검진을 받을 수 있습니다. 그래서 보통 영유아 검진에 포함된 시기에 진료를 보시는 경우가 많은 것 같습니다. 6개월마다 검진을 받는 것이 가장 좋고, 매번 챙기기 어려우시다면 적어도 영유아 검진에 포함된 시기에는 꼭 검진을 받아야 합니다.

치아 건강에 좋지 않은 영향을 주는 습관

- **공갈젖꼭지, 손가락 빨기 :** 어린 시기의 자연스러운 발달과정 중 하나이지만 12~18개월 이후에도 지속된다면 좋지 않은 습관이 된 것이고, 늦어도 24개월부터는 아예 멈추게 해야 합니다. 특히 영구치가 난 이후에도 이런 습관이 남아 있다면 부정교합의 큰 원인이 될 수 있습니다. 또 공갈젖꼭지나 손가락을 물고 있다가 부딪혀서 입안이 찢어지는 사고가 드물지 않고, 중이염 발생의 위험도 올라간다는 연구 결과도 있습니다.

- **젖병과 밤중 수유 :** 모유나 분유가 입안에 오래 있으면 충치 발생의 위험을 높입니다. 치아가 별로 없는 돌 이전에는 큰 문제가 없지만, 돌 이후에는 되도록 빠르게 젖병을 끊는 것을 권고합니다. 단계적인 적응 과정을 통해 일반 컵을 사용하는 것이 좋습니다.
  또 돌 지나서도 밤중 수유를 하는 경우가 종종 있는데요. 쉽지 않지만 치아 건강과 좋은 식습관, 수면 습관을 위해서도 밤중 수유는 12개월 이후에는 되도록 끊는 것이 좋습니다. 자기 전에 수유를 하는 경우는 수유 후 꼭 양치를 하고 자는 것이 좋습니다.

• **당분이 첨가된 음식** : 당분이 첨가되어 있는 간식이나 음료는 되도록 안 주는 것이 좋습니다. 혹시 주더라도 되도록 식사와 이어서 먹이는 것이 좋고, 식사 사이에 따로 주거나 수시로 먹게 하는 습관은 좋지 않습니다. 단 음식을 먹고 난 다음에는 물로 입을 간단하게라도 헹구면 좋습니다.

어떻게 치아를 닦아야 할까요?

만 8세까지는 양육자가 양치와 치실을 해주는 것이 좋습니다. 치실은 물론, 깨끗하게 칫솔질을 구석구석 하는 것도 생각보다 소근육 발달이 필요한 일입니다. 보통 아이가 혼자 신발끈을 묶을 수 있게 될 때까지는 부모님이 해주시기를 추천합니다.

양치는 하루에 2번, 2분 이상, 나이에 맞는 칫솔과 불소 함유 치약을 사용하여 할 것을 권고합니다. 치실은 좁아진 치아 사이가 생기면 어릴 때부터라도 사용할 것을 권고합니다. 아직 우리나라에서는 성인에게도 조금 낯설게 느껴질 수도 있지만, 유아용 치실로 하루에 한 번이라도 치실 사용을 하는 것이 중요합니다. 처음에는 어렵지만 어린이 치과에서 치실 사용법을 올바르게 배워 아이에게 하기 시작하시면 적응 과정 이후에는 곧잘 하게 됩니다.

제가 다니는 어린이 치과 선생님은 아이에게 양치와 치실을 교육할 때 아이를 설득하는 대신 꼭 해야 한다는 사실을 받아들이고 포기하게 해야 한다고 말씀하셨는데 개인적으로 많이 와 닿았습니다. 분명 쉬운 과정은 아니지만, 오히려 처음부터 확실하게 하는 것이 수월하게 습관을 만드는 방법입니다.

> 66
> 어릴 때부터 치아 관리를 하는 것은 굉장히 중요합니다. 정기적인 검진, 규칙적인 양치와 치실, 치아 건강에 나쁜 습관 수정, 아이가 어릴 때부터 미리미리 습관을 만들고 관리하는 것이 필요합니다.
> 99

"면역력이 약한 거 같아 걱정입니다"

아이들은 자주 아픕니다. 어릴수록 더 쉽게, 자주 아프고, 특정 질환이 유행하는 시기에는 더합니다. 어린이집이나 유치원을 다니는 것과도 연관이 있고, 형제가 있는 아이는 위의 아이가 기관을 다니면 더 자주 아픕니다. 아이는 기본적으로 면역력이 약하기 때문입니다.

그런데 면역력이 얼마큼 약하고, 언제까지 약한 것일까요? 또 어느 정도 자주 아픈 것은 자연스러운 것이고, 어느 정도면 너무 심한 것일까요?

면역력의 여러 요소

아이들의 면역력은 여러 요소에 의해 만들어집니다. 우리 몸의 피부나 점막도 면역 체계의 한 요소이고, 대식세포, 보체, T 림프구, B 림프구와 같은 여러 세포도 상호 작용을 통해 면역력을 만듭니다. 모든 요소가 출생 시에는 약하고 아이가 클수록 강해지지만, 특히 B 림프구에서 생산되는 면역글로불린이 아이의 어린 시기의 감염과 밀접한 관련이 있습니다.

다음 그래프는 아이가 태어났을 때부터 10세까지 면역글로불린의 양을 보여줍니다. 면역글로불린 중 IgM, IgG, IgA가 감염을 막는 중요한 역할을 하는데 대부분 출생 시에는 거의 없다가 아이가 클수록 점점 늘어납니다.

IgG는 산모로부터 태반을 통해 전달되어 아기가 태어난 뒤 3~6개월 정도까지는 아직 엄마에게 받은 IgG가 남아있습니다. 아이가 가장 약한 시기를 다행히 엄마의 면역력으로 어느 정도 이겨낼 수 있습니다. 그래서 생후 100일까지의 아이는 생각보다 열이 잘 나지 않고, 거꾸로 열이 난다면 상대적으로 심각한 질환일 가능성이 높습니다.

엄마로부터 받은 IgG가 급격하게 줄어듦에 따라 아이가 가지고 있는 총 IgG는 급격하게 줄어들었다가 아이 본인의 IgG가 늘어남에 따라 만 1세 때에는 성인의 약 60% 수준까지 늘어나고, 7~8세 정도에는 성인 수준이 됩니다. IgM은 다른 면역글

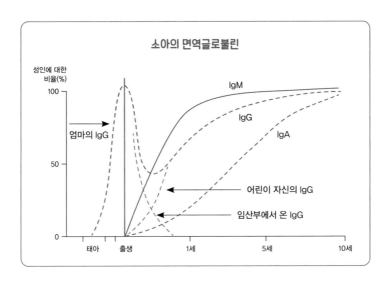

소아의 면역글로불린

성인에 대한 비율(%)

100

엄마의 IgG

IgM

IgG

IgA

50

어린이 자신의 IgG

임산부에서 온 IgG

0

태아   출생   1세   5세   10세

로불린보다 빠르게 증가하여 만 1세가 되면 성인의 75% 수준이 됩니다. IgA는 상대적으로 서서히 증가하여 만 1세 때 성인의 20%, 6~7세 정도가 돼야 성인 수준에 가까워집니다.

종합해 보면 엄마에게 받은 면역력이 남아 있는 생후 100일 정도까지를 제외하면 아이는 어릴수록 면역력이 약합니다. 어떤 면역력은 좀 더 빨리, 어떤 면역력은 좀 더 천천히 완성되는데 만 6~7세 정도에 전체적으로 성인과 비슷한 정도의 면역력을 가지게 됩니다. 임상적으로도 비슷한 것을 느낄 수 있습니다.

아이가 만 1세가 넘으면 그래도 그 이전보다는 훨씬 면역력이 좋아지는 것을 느낄 수 있고(돌잔치에 큰 의미를 둔 이유입니다), 만 3세가 넘으면 또 그전보다는 훨씬 감염에 덜 걸리고, 걸리더라도 훨씬 잘 이겨냅니다. 그리고 만 6~7세가 넘어가면 병원에 오는 일 자체가 많이 줄어듭니다.

통계적으로 어느 정도 자주 감기를 걸리는 것이 평균일까요?

6세 이하의 소아는 1년에 평균 6~8회 감기에 걸리고, 10~15%는 1년에 12회까지도 감기에 걸립니다. 나이가 들수록 횟수가 줄어 성인은 1년에 2~3회 정도 걸립니다. 한 번 감기에 걸리면 콧물 등의 증상이 완전히 회복되는 데 2~3주까지도 소요되기 때문에 10%에 속하는 감기가 자주 걸리는 아이는 정말 1년 내내 감기를 달고 사는 것처럼 느껴질 수 있습니다. 그렇지만 이런 시기도 계속되지 않고, 아이가 클수록 당연히 줄어들게 됩니다.

그런데 같은 나이, 같은 상황에서도 아이들은 감기에 덜 걸리기도 하고, 더 걸리기도 합니다. 이런 차이는 왜 발생하는 것일까요? 그 이유는 개개인의 면역력이 다르기 때문입니다. 세상에 같은 아이가 하나도 없는 것처럼 아이마다 가지고 있는 면역력에 차이가 있는 것도 당연합니다. 생후의 다른 요인들(모유, 영양 상태 등)도 영향을 줄 수 있지만 선천적인 부분도 있습니다. 성인 역시 자주 아픈 사람이 있고, 좀처럼 안 아픈 사람이 있으니까요.

중요한 것은 정상 범위와 추가적인 검사가 필요한 정도를 파악하는 것입니다. 정상 범위라면 아이가 커서 면역력을 획득할 때까지 기다려 주면 되고, 정상 범위가 아니라면 당연히 정밀검사를 해봐야 합니다.

선천성 면역결핍을 의심해야 할 상황

- 정확히 진단된 중이염이 1년에 4번 이상
- 확실한 폐렴이 1년에 2번 이상
- 심각한 부비동염이 1년에 2번 이상
- 항생제의 효과가 적어 항생제를 2달 이상 사용하게 되는 경우
- 아이의 몸무게나 성장의 저하
- 피부 깊숙한 곳이나 특정 장기에 반복적인 농양
- 입이나 피부에 지속적인 곰팡이 감염
- 정맥 항생제를 사용해야만 감염이 해결되는 경우
- 패혈증 같은 전신적인 감염이 2번 이상
- 선천 면역결핍의 가족력이 있는 경우

이 경우라도 100% 선천성 면역결핍이 있지는 않고 해당 경우라면 정밀검사를 권고하는 수준입니다.

> 66
>
> 아이가 자주 아프면 부모는 걱정이 될 수밖에 없습니다. 어쩔 수 없이 보육 시설에 일찍 보냈으면 마음이 안 좋기도 하고, 모유 수유를 못 했으면 또 괜히 그것도 신경 쓰입니다. 아이를 좀 더 잘 먹였으면 좀 더 면역력이 좋았으려나 하는 생각이 들기도 하고, 그 밖에도 아이에게 못 해준 여러 가지 생각이 드는 것은 어쩔 수 없습니다.
>
> 하지만 아이가 자주 아픈 것은 아직 덜 컸기 때문이지, 무엇을 못 해주었기 때문이 아닙니다. 직접 외래를 보다 보면 하루가 멀다고 병원에 오던 아이도 시간이 지나면 훌쩍 커서 1년이 지나도 병원에 한 번도 안 오게 됩니다. 선천성 면역 결핍을 의심할 상황이 아니라면 부모님이 좀 더 여유롭게 생각하면 좋습니다.
>
> 99

"미세먼지는 어떻게 대처하나요?"

예전에는 봄철의 황사를 제외하면 먼지에 대해서 별로 생각하지 않고 살았는데, 이제는 핸드폰에 미세먼지 관련 앱 하나 없는 사람도 드문 것 같습니다. 특히 아이를 키우는 부모는 아침부터 날씨와 미세먼지 농도를 확인하는 것이 하루의 일과가 되었습니다.

미세먼지Particulate Matter는 눈에 보이지 않을 정도로 가늘고 작은 먼지 입자로 지름 10㎛(마이크로미터) 이하의 먼지를 이야기합니다. 그리고 2.5㎛보다 작은 먼지를 초미세먼지라고 합니다. 머리카락 지름이 50~70㎛ 정도이니, 얼마나 작은지 크기가 짐작이 가실까요?

미세먼지가 왜 문제가 되는 것일까요?

미세먼지가 문제가 되는 가장 큰 이유는 크기가 너무 작아서 바로 폐까지 도달할 수 있기 때문입니다. 10㎛보다 큰 입자들은 코털에 의해 대부분 걸러지게 됩니다. 그래서 눈에 보이는 대부분의 먼지는 폐에 들어가기 전에 걸러지는데, 이보다 작은 미세먼지는 코안의 상피세포에 침착되거나 일부는 폐로 들어가게 됩니다. 폐로 유입된 입자들은 보통 기관지 점액막층에 부착되어 섬모운동을 통해 다시 상부 기도 쪽으로 이동해 기침 등에 의해 체외로 배출됩니다.

그런데 공기 중에 너무 많은 양의 미세먼지가 있을 때는 폐에 도달한 먼지들을 몸에서 다 처리하지 못해서 폐에 먼지가 쌓이게 되고, 심한 경우 혈관의 피까지 도달하게 됩니다. 그리고 이 과정이 오래 반복된다면 폐와 심장에 여러 가지 문제를 일으킬 수 있습니다. 미세먼지 농도가 높은 날에 야외 운동을 하면 문제는 더 커집니다. 운동을 하며 숨을 더 빠르고 깊게 쉬면, 더 많은 먼지가 폐에 도달하고, 더 많은 먼지들이 폐와 심장에 영향을 줄 수 있기 때문입니다.

미세먼지의 영향에 대한 현재까지의 연구 결과는 다음과 같습니다.

- 이미 심장이나 폐 질환이 있는 사람의 수명을 줄일 수 있다.
- 심장질환이 있는 사람의 경우 심장마비도 일으킬 수 있다.
- 부정맥을 일으킬 수 있다.
- 천식을 악화시킬 수 있다.
- 폐 기능을 떨어뜨릴 수 있다.
- 기도를 자극하고, 기침, 호흡을 악화시킬 수 있다.

모두 조심해야겠지만 특히 폐, 심장질환을 가진 사람이나 아이, 노인같이 상대적으로 폐, 심장 기능이 약한 사람은 특히 조심해야 합니다. 건강한 사람은 큰 문제가 없는 경우가 많지만 미세먼지 농도가 아주 높은 경우에는 일시적으로 기도의 불편함, 기침, 호흡곤란, 가슴의 답답함 등의 증상은 일으킬 수 있습니다. 수년간에 걸쳐서 노출되었을 때는 건강한 사람이라도 폐 기능 저하, 만성 기관지염을 발생시킬 수 있고, 심한 경우 수명도 줄일 수 있습니다.

발암물질에 관한 내용은 많이 언급되고는 있지만 아직 정확한 연구 결과가 나오지는 않았습니다. 해결책으로는 미세먼지가 높을 때는 되도록 외출을 삼가고, 외출한다면 과한 활동을 줄이고 미세먼지 차단이 되는 마스크를 착용하는 것이 권고됩니다. 집 안에서는 공기 청정기를 사용하여 실내의 미세먼지 농도를 줄이는 것도 장기적으로 도움이 될 수 있습니다. 특히 천식이 있거나 알레르기에 예민한 경우에는 공기 청정기가 더 도움이 될 수 있습니다.

> 66
> 예전에는 맑은 날씨의 감사함을 몰랐던 것 같습니다. 미세먼지는 단기간에 해결이 어렵겠지만 함께 노력해서 우리 아이들에게 맑은 하늘을 더 자주 보여줄 수 있으면 좋겠습니다.
> 99

" 소아과
의사 아빠가
속 시원하게
알려드립니다 "

Chapter 5

우리 아이가

평소와

달라요

국제 최신
논문 기반의
육아 솔루션

꼭 병원에 가야 하는
다양한 증상들

반드시 응급실에 가야 하는 위급 상황

아이가 아플 때는 왜 아픈지보다, 얼마큼 아픈지가 더 중요한 경우가 많습니다. 단순한 감기라도 아이가 많이 쳐지고 힘들어하면 입원할 수 있고, 폐렴이라도 컨디션이 양호하면 약을 먹으면서 집에서 경과를 보기도 합니다.

일괄적으로 진단명이나 증상만으로 병원에 갈지, 안 갈지 나누기는 어렵습니다. 하지만 진단명과 상관없이 병원에 꼭 가야 하는 경우가 있습니다. 다음과 같은 경우라면 낮에는 가까운 병원, 밤이라면 응급실에라도 꼭 가야 합니다.

100일 미만 아이의 열

어린아이일수록 면역력이 약하지만 100일 미만의 아기는 모체로부터 받은 면역력이 남아 있기 때문에 열이 자주 나지 않습니다. 이 항체가 일부 세균과 바이러스에 대한 저항력도 어느 정도 제공해서, 호흡기, 장염 바이러스에도 취약하지 않습니다. 그러나 동시에 IgM, IgA 항체 등은 아이가 어릴수록 적기 때문에 특정 세균이나 바이러스에는 취약하기도 합니다.

이러한 특징 때문에 100일 미만의 아이가 열이 난다면 심각할 가능성이 훨씬 높습니다. 단순 바이러스, 감기 등 가벼운 질환부터 패혈증, 요로감염, 뇌수막염 등 심한 세균 감염까지 가능성을 열어두고 생각해야 합니다. 이 경우 정밀검사와 치료, 경과 관찰을 위해 입원 치료가 필요하기 때문에 되도록 처음부터 입원이 가능한 큰 병원으로 가는 것이 권고됩니다. 가벼운 증상이라도 검사해 빠르게 항생제를 투여하면 잘 치료할 수 있는 경우도 많아서 열이 나면 최대한 빨리 병원에 가서 검사와 치료를 하는 것이 중요합니다.

열성경련

열성경련은 3개월~5세의 소아가 열이 오르면서 10분 이내의 짧은 경련을 하는 것을 말합니다. 열성경련의 빈도는 전체 소아의 3~5%로 꽤 많지만, 다행히 예후가 아주 양호합니다. 대부분 아이에게 아무런 후유증도 남기지 않고 뇌전증(간질)으로 진행되지 않습니다.

문제는 보호자가 단순 열성경련, 뇌수막염이나 대사 질환에 의한 경련, 복합열성경련(열성경련 중에서도 더 검사가 필요하거나 주의해서 경과를 봐야 하는 경련)을 구분하기 어렵다는 점입니다. 따라서 열성경련이 있으면 반드시 병원에 가서 피검사를 하고, 혹시 반복되는지 경과를 관찰해야 합니다. 경련이 30분 이상 지속되면 아이의 머리에 큰 후유증을 남길 가능성이 있으니 경련이 있으면 최대한 빨리 병원에 가야 합니다.

해열제 투여 후의 컨디션 저하

아이들은 다양한 이유로 열이 납니다. 감기나 장염을 일으키는 바이러스 때문에도 열이 나고, 중이염, 인후염, 폐렴 등을 일으키는 세균 때문에도 열이 납니다. 상황에 따라 다르지만 아이가 열이 날 때 잘 살펴봐야 할 것은 아이의 컨디션입니다.

열이 막 오를 때 아이의 컨디션이 쳐지는 것은 당연한 것인데(성인 역시 38도를 조금 넘는 열이 오르면 굉장히 힘듭니다) 심한 질환이 아니라면 해열제를 먹고 처음보다 열이 1~2도 내려가면 컨디션은 훨씬 좋아지는 경우가 많습니다.

아이가 열이 내려가며 잘 놀고 잘 먹으면 당장 응급실에 달려가지 않아도 되는 경우가 많습니다. 하지만 반대로 아이에게 해열제를 먹였는데도 열이 계속 높고 쳐져 있거나, 열이 좀 떨어졌는데도 컨디션이 안 좋은 경우는 되도록 빨리 병원에 가야 합니다.

심한 탈수 의심

아이는 성인보다 훨씬 빨리 탈수가 생길 수 있습니다. 성인은 반나절 이상 잘 못 먹거나 설사를 해도 경도의 탈수가 있는 정도이지만, 아이들은 심한 구토와 설사가 있으면 몇 시간 안에도 심한 탈수가 올 수 있습니다.

따라서 장염이 있거나 수족구병 등의 질환으로 잘 못 먹는 아이가 너무 처져 있거나, 잠만 자려고 한다거나, 오랜 시간 소변을 잘 보지 않으면서 기운이 없는 경우에는 탈수를 의심해봐야 합니다.

가정에서 물을 소량씩 잘 먹어서 컨디션 회복이 된다면 다행이지만 탈수가 너무 심하거나 수분 섭취가 어려운 경우라면 빨리 병원에 가서 수액으로 수분 보충을 하는 것이 좋습니다.

> 66
>
> 아이들은 너무나 다양한 이유로 아픕니다. 시기별로 걸리는 질환도 다르고, 계절별로 유행하는 질환도 다릅니다. 부모님 입장에서는 모든 질환을 알 수도 없고, 모든 상황에 다 대입할 수 있는 절대적인 원칙도 사실 없습니다. 하지만 빠른 조치가 필요한 위중한 경우를 알고 있다면, 긴박한 상황에서 큰 도움이 될 수 있습니다.
>
> 99

아이가 아플 때 가장 중요한 것 : 탈수

아픈 아이를 보며 고려해야 할 점은 너무나도 많습니다. 나이, 증상, 아픈 기간, 활력 징후, 진찰 소견 등을 종합하여 신중하게 아이의 상태를 판단해야 합니다. 그러나 앞에서도 여러 번 강조한 것처럼 아이가 아플 때 가장 중요하게 생각할 것은 아이의 컨디션과 탈수 유무입니다. 다른 소견이 괜찮아도 컨디션이 많이 처지거나 탈수 증상이 보이면 수액, 피 검사, 입원 등을 고려하게 되고, 반대로 다른 소견들이 좀 나빠도 컨디션이 좋고, 잘 먹어서 탈수 소견도 없으면 병을 잘 이겨내기도 합니다.

구토나 설사 등 장염 증상이 의심되면 쉽게 탈수가 올 수 있다는 사실은 부모님도 잘 알고 계십니다. 하지만 구토나 설사가 없다면 열, 기침, 콧물 같은 다른 증상에 집중하게 되고 탈수에 대해서는 중요하게 고려하지 않습니다. 그러나 아이들은 열이 있으면서 잘 먹지 못하면 생각보다 훨씬 쉽게 탈수가 발생하고, 이로 인해 증상이 더 악화될 수 있으니 탈수의 유무를 잘 확인하는 것이 중요합니다.

탈수란?

몸에 수분이 부족한 것을 탈수Dehydration라고 합니다. 탈수는 몸이 흡수하는 물의 양보다 내보내는 물의 양이 많으면 발생하는데, 성인은 물을 마시지 않은 채 운동을 너무 많이 하거나, 더운 곳에서 땀을 많이 흘릴 때 탈수가 많이 발생합니다.

아이들은 아플 때 탈수가 많이 발생하는데, 목이 아프거나 컨디션이 안 좋아서 못 먹으면 흡수하는 물의 양이 줄어들고, 구토, 설사를 하거나 열이 올라 피부의 수분 소실량이 늘어나면서 내보내는 물의 양이 늘어나기 때문입니다. 따라서 못 먹으면서 구토, 설사가 있거나 열이 나면 당연히 탈수는 더 빨리 생길 수 있습니다.

소아에서 탈수가 특히 중요한 이유

소아는 성인에 비해 단위 체중에 대한 수분 필요량이 큽니다. 예를 들어, 체중 70kg인 성인이 하루에 필요로 하는 수분은 2,000㎖로 세포 안에 있는 물을 제외한 나머지 물의 1/7밖에 되지 않지만, 체중이 7kg인 영아는 하루에 필요로 하는 수분이 700㎖로 1/3이나 됩니다. 그래서 성인은 물을 좀 적게 먹거나 설사를 해도 쉽게 탈수가 생기지 않지만, 어린아이는 반나절 이상 못 먹거나, 수차례 설사만으로 탈수가 발생합니다.

실제로 장염 유행 시기의 응급실에는 당일에 시작된 장염이지만 깨워도 잘 반응하지 못할 정도로 처져서 들어오거나 심한 경우 탈수로 경련까지 하면서 오는 경우도 있습니다. 또 발열이 있는 경우에는 열이 1도 오를 때마다 수분 소실량은 12% 증가하기 때문에 탈수가 더욱 쉽게 발생합니다. 40도 이상의 고열이 있는 아이가 몇 시간 이상 잘 먹지도 못하고 늘어져 있다면 탈수가 동반되어 있을 가능성이 높습니다.

탈수는 아이들에게서 볼 수 있는 가장 흔한 증상이며, 탈수 자체가 다시 피로, 어지럼증, 발열, 경련, 구토 등의 증상을 발생시키고, 최악은 사망에 이르기도 하는 아주 중요한 문제입니다.

실제로 소아과에서 진료를 보는 환아들도 원인 질환과 관계없이 발생한 탈수로 인해 수액을 맞거나 입원을 하는 경우도 아주 많습니다.

어제까지는 잘 먹었는데 탈수가 심하다고요?

성인의 기준으로 '못 먹은 지 그렇게 오래되지도 않았는데?'라고 생각할 정도의 시간이 실제 아이에게는 심한 탈수로 진행될 시간일 수도 있습니다. 특히 발열, 구토, 설사가 동반되어 있거나 아이가 어릴수록 그 시간은 더 짧아집니다.

경증~중등도의 탈수	중증의 탈수
• 평소보다 활발하지 않게 논다. • 소변을 자주 안 본다(기저귀를 찬 유아라면 기저귀 가는 횟수가 하루에 6회 이하). • 입안이 말랐다. • 울 때 눈물이 적다.	• 굉장히 처지고, 늘어진다. • 눈이 함몰되어 보인다. • 손발이 차갑고, 창백해진다. • 피부가 쭈글쭈글하다. • 소변을 거의 안 본다.

탈수가 경증~중등도이면서 컨디션이 양호하면 집에서 물(병원에서 받은 경구 수액이 있으면 더 좋습니다)을 소량씩 자주 먹이면서 컨디션의 변화를 관찰해도 되지만, 중증 탈수가 의심된다면 그 이유 하나만으로 바로

병원 또는 응급실을 가야 합니다. 탈수는 아주 일상적으로 더운 날 밖에서 뛰어놀 때, 수족구, 구내염 등의 병에 걸렸을 때, 감기로 열이 날 때, 장염에 걸렸을 때 모두 발생할 수 있습니다.

부모님께서 탈수의 중요성을 잘 인식하고 계시는 것이 중요합니다. 탈수에 대해 알고 아이를 지켜보면 쉽게 발견할 수 있지만 인식하지 않고 있으면 놓치기 쉽기 때문입니다.

심하지 않아도 오래가는 증상이 있다면

부모님들은 어떤 때 아이들을 병원에 데리고 가시나요? 대부분 예방 접종이나 영유아 검진을 제외하고는 아이가 갑자기 아플 때, 즉, 열, 기침, 구토, 설사, 복통, 두통 등의 증상이 갑자기 발생하여 아이가 힘들어할 때 가까운 소아과 또는 응급실을 방문하게 됩니다.

그런데 아이들을 키우다 보면 이런 급성 증상이 아니라 심하지 않은 증상이 간헐적으로 오래 지속되기도 합니다.

"증상이 생각보다 오래가네…. 심하진 않고 그때만 지나면 잘 지내는데…. 병원에 한번 가봐야 하나?"

"이 정도로 병원을 가야 하나? 좀 더 기다려봐야 하나?"

이런 고민, 해보셨을 겁니다. 아이의 만성 소화기 증상 중 병원에 가서 진료를 받는 것이 꼭 필요한 경우를 다루려고 합니다. 이 경우에 속하지 않는다고 해서 진료가 필요하지 않다는 의미는 아니고, 적어도 다음의 경우는 꼭 진료가 필요하다는 의미입니다.

소화기 증상+10% 이상의 체중 감소

구토, 설사, 구역감, 복통, 혈변, 식욕부진 등과 같은 증상이 있으면서 기존 체중보다 10% 이상 체중 감소가 있는 경우는 반드시 진료가 필요합니다.

특히 20~30kg의 소아, 청소년들이 몇 개월 동안 의도하지 않은 체중 감소가 뚜렷하게 있는 경우는 염증성 장질환 등의 감별이 필요하니, 최대한 빠르게 진료를 봐야 합니다.

흑색변

출혈이 대장이나 보다 아래쪽에서 발생했다면 대변과 함께 새빨간 피가 나오고, 소장보다 위쪽, 특히 십이지장, 위, 식도에서 출혈이 발생했다면 피가 소화 효소, 장내 세균 등에 의해 색이 변해서 검은 대변이 나옵니다(보통 짜장면처럼 까맣다고 표현합니다).

그런데 보통 아이가 새빨간 혈변을 보면 놀라서 바로 병원에 오시지만, 흑색변을 본 경우 심각하게 생각을 못 하시다가 다소 늦게 병원에 오시는 경우가 많습니다.

흑색변의 원인은 다양해서 철분제를 포함한 특정 약이나 음식이 원인일 수도 있지만, 빠른 치료와 수혈 등이 필요한 심한 출혈이 원인인 경우도 많기 때문에 빠른 진료가 중요합니다.

18개월 이후에도 지속되는 역류, 구토

역류는 건강한 영아에서도 굉장히 흔한 증상입니다. 하지만 90% 이상이 12개월 정도가 되면 좋아지기 때문에 18개월 이후에도 역류, 특히 뚜렷한 구토가 반복되는 것은 이상 소견이고, 따라서 적극적인 검사가 필요합니다. 더 큰 소아나 청소년에서도 장염 등의 원인으로 2~3일 정도 구토하는 것이 아니라 평소에도 구토가 반복된다면 이상하게 생각해야 합니다.

외래에서도 속이 불편하거나 울렁거리고, 배가 아프다고 하는 아이는 굉장히 많지만 실제로 구토를 자주 하는 아이는 드물고, 구토하는 아이들은 검사에서 이상 소견이 나오는 경우가 많습니다.

소화기 증상이 1~2개월 이상 지속되는 경우

복통, 구역감, 설사, 복부팽만, 변비 등의 증상이 1~2개월 이상 지속되는 경우 역시 진료가 필요합니다. 장염, 호흡기 감염이나 스트레스, 음식 등 여러 원인에 의해서 소화 기능이 저하될 수 있고, 이와 관련된 증상들은 대부분 1개월 이내에 회복되는 경우가 많습니다.

따라서 위의 증상이 1~2개월 이상 지속된다면 다른 원인에 대한 진료, 검사가 필요합니다. 증상이 점점 좋아지고 있는 경우라면 조금 더 경과를 관찰해 볼 수는 있습니다.

심한 비만 또는 비만 관련 합병증이 있는 경우

앞에서도 비만에 대해 다루었지만, 비만을 너무 가볍게 생각하기 쉽습니다. 그러나 소아 시기의 비만을 이른 시기에 해결하지 않으면 성인 비만으로 이어지게 쉽고 결국 여러 가지 합병증의 원인이 됩니다. 또 어떤 경우는 소아 시기부터도 심각한 합병증이 발생하기도 합니다. 체질량지수 기준을 통해 비만, 특히 고도 비만에 들어가는 소아, 청소년은 반드시 비만 합병증 여부의 확인과 지속적인 외래 진료를 통한 건강하고, 계획적인 체중 감량이 필요합니다.

또 학교 검진이나 다른 검사 중 간 수치, 혈압, 혈당, 지질 등의 이상 소견이 나온다면 적극적인 검사가 필요합니다.

> 66
>
> 외래 진료 경험으로 부모님께서 알고 계시면 좋겠다고 생각되었던 내용을 간단하게 말씀드렸습니다. 진단이 되기까지 아이가 오래 고생을 하다가 오는 안타까운 경우가 많이 떠오릅니다. 진료를 통해 추가적인 검사를 결정하고 원인을 발견해 치료하는 것이 아이의 증상을 빨리 좋아지게 할 수 있는 최선의 방법입니다.
>
> 99

위험 시그널 : 아이의 체중 감소

어떤 경우에 병원에 꼭 가야 하는지 질문을 많이 받습니다. 가장 주의해야 할 경고 증상 중 하나는 '체중 감소'입니다. 성장기인 아이는 연령에 따라 체중 증가가 더 빠른 시기도 있고, 느린 시기도 있지만 체중이 빠지는 경우는 없습니다. 단기간 아프면서 약간 체중이 감소할 수 있지만, 체중 감소 기간 지속되거나 몸무게의 10% 이상의 체중 감소(예를 들어 20kg의 아이가 2kg 이상)가 있다면 매우 주의가 필요합니다.

제 전공은 소아청소년과에서 '소화기 영양분과'이기 때문에 외래에서 복통, 구토, 울렁거림, 설사 등 위장관과 관련된 증상을 호소하는 아이들을 많이 보지만 증상이 오래되고 심해도 체중 감소, 특히 10% 이상의 체중 감소가 있는 경우는 드뭅니다. 의미 있는 체중 감소는 많이 진행된 질환이나 심각한 질환이 진단되기도 합니다.

의도한 체중 감소 VS 의도하지 않은 체중 감소

요즘은 비만이 늘어남에 따라 미용이나 건강 목적으로 다이어트를 하는 아이들이 늘어나고 있습니다. 이렇게 의도한 체중 감소는 기본 진료와 성장 평가에서 큰 이상이 없고, 다른 동반 증상이 없다면 큰 이상이 없는 경우가 많습니다.

하지만 의도하지 않은 체중 감소는 적극적인 검사가 필요합니다.

급성 VS 만성

체중 감소가 2주 이내 동안 나타나면 급성 체중 감소로 분리합니다. 급성 질환에 의한 영양 섭취의 감소, 장염, 탈수, 식욕 부진 등 단기적인 문제가 원인입니다. 이 경우는 원인이 되는 질환이 나으면 체중도 뒤따라 회복됩니다. 만약 영양 부족이 심각하다면 원인 질환의 회복도 늦어질 수 있어 수액 등으로 추가적인 영양 보충을 하기도 합니다(단기간 체중 감소가 너무 심하거나 컨디션이 좋지 않다면 당뇨, 부신기능부전 등 내분비적 문제나 수술적 치료가 필요한 질환이 원인일 수도 있으니 주의해야 합니다).

반면에 체중 감소가 수개월 동안 서서히 발생했다면 의심 질환이 아예 다릅니다. 크론병, 갑상선 질환 등 만성 질환이 원인인지 감별이 필요하고, 아이들에게도 신경성 식욕부진, 우울증 등 정신과적 질환이 점점 늘어나고 있어 주의가 필요합니다.

체중 감소가 있을 때 주의해야 할 대표적인 질환

• 크론병 : 체중 감소와 더불어 복통, 설사, 구토, 혈변 등의 위장관 증상이 있다면 만성 염증성 장질환인 크론병 감별이 필요합니다. 크론병은 시간이 지나면 호전되는 일반 장염과는 달리 치료를 하지 않으면 점점 악화되고, 치료도 어려워지기 때문에 일정 시간이 지나도 증상이 호전되지 않는다면 반드시 의심해봐야 합니다.

- **신경성 식욕부진증 :** 음식과 체중에 대한 불안을 보이는 정신과적 증상으로 극단적인 식사 제한과 체중 감소가 주된 증상입니다. 중고등학생인 여자아이에게 많이 발생하는데, 시작은 가벼운 다이어트지만 어느 순간 병적으로 체중 감소를 위한 비정상적인 생각과 행동을 보입니다. 이미 저체중인데도 음식 섭취를 극단적으로 줄이거나, 하루종일 유산소 운동을 하는 등의 일반적인 범주를 벗어나는 모습을 보입니다.

  10~20kg 이상 급격한 체중 감소가 있으면서 심기능 저하, 호르몬 분비 저하, 위장관 운동 저하, 간염, 무월경, 전해질 불균형 등의 심각한 신체적 합병증이 동반되는 경우가 많고, 정신과적 치료가 없이는 회복이 어려우니 반드시 검사와 치료가 필요합니다.

- **내분비 질환, 악성질환 :** 당뇨병이나 부신기능부전, 백혈병과 같은 질환이 다른 증상은 없이 체중 감소만으로 진단되는 경우가 드물기는 하지만 체중 감소와 더불어 전신 컨디션이 좋지 않다면 반드시 채혈검사를 통한 확인이 필요합니다.

> 66
>
> 아이에게 의도하지 않은 10% 이상의 체중 감소가 발생한다면 반드시 진료와 검사가 필요합니다.
>
> 99

가장 잦은 전염병과 대처법

국제 최신
논문 기반의
육아 솔루션

장염

장염과 장출혈성 대장균 감염증, 햄버거병(용혈성 요독 증후군)에 대해 이야기해 보려고 합니다. 장염은 장의 염증 발생을 포괄하는 말입니다. 원인은 다양하지만 급성장염은 바이러스나 세균에 의한 감염이 가장 흔합니다. 염증 부위, 정도에 따라 발열, 구토, 구역감, 식이 부진, 복통, 복부팽만감, 설사, 혈변, 점액변 등 다양한 증상이 있을 수 있습니다.

아이가 장염이라면 컨디션과 탈수의 유무를 체크해야 합니다. 컨디션이 처지고, 탈수 증상이 보인다면 원인과 상관없이 수액 치료 등으로 빨리 탈수를 교정하는 것이 우선입니다.

세균성 장염

    아이의 전반적 상태를 평가한 이후에는 세균성 장염의 가능성이 있는지 확인하는 것이 중요합니다. 특히 세균성 장염이 유행하는 시기에는 더욱 그렇습니다. 바이러스 장염은 초기에 탈수만 잘 예방, 치료하면 대부분 며칠 내에 저절로 회복하지만, 세균성 장염은 증상이 더 심한 경우가 많고, 원인균에 따라 치료나 예후가 많이 다르기 때문입니다. 대변 검사로 균을 확인하는 방법이 가장 정확하지만 증상, 신체 진찰 소견, 혈액검사 소견 등을 종합해 보면 어느 정도는 예측도 가능합니다.

    우리나라 아이들의 세균성 장염을 많이 일으키는 균은 캄필로박터균, 살모넬라균, 대장균, 클로스트리듐균 등입니다. 이중 가장 주의가 필요한 균은 대장균의 한 종류인 장출혈성 대장균입니다.

    장출혈성 대장균에 의한 장염도 대부분 충분한 수분 보충과 보존적 치료로 5~10일이면 호전되지만, 문제는 환아 일부에서 흔히 햄버거병이라고 부르는 용혈성 요독 증후군이 발생할 수 있다는 점입니다. 장출혈성 대장균 중 E.coli O157이라는 균이 특히 용혈성 요독 증후군을 많이 일으키는데, 이 균에 의해 감염된 소아 15~20% 정도에서 용혈성 요독 증후군이 발생합니다.

    용혈성 요독 증후군의 중증도를 고려한다면 굉장히 높은 비율이기 때문에 장출혈성 대장균 중 특히 E.coli O157 균이 확인되었다면 더욱 주의가 필요합니다.

    용혈성 요독 증후군은 피가 깨지면서 발생하는 빈혈, 혈소판 감소증, 급성 신장 부진을 특징으로 하는 질환으로, 장출혈성 대장균에 의한 장염 증상이 발생한 지 5~12일 사이에 많이 발생합니다. 발생한다면 신장 투석과 중환자실 치료까지 필요할 수 있고 초기 치료가 장기적 예후에도 중요하기 때문에, 아이가 장출혈성 대장균에 의한 세균성 장염이 확인, 의심되는 경우에는 반드시 입원하여 충분한 치료를 하면서 용혈성 요독 증후군으로 진행하는지 관찰하는 것이 필요합니다.

장출혈성 대장균 감염의 증상

가장 전형적인 증상은 열이 심하지 않는 혈성 설사입니다. 물론 열이 있고, 혈변이 없다고 장출혈성 대장균 장염이 아니라고 할 수는 없습니다. 하지만 아이가 열은 심하지 않은데 복통, 혈성 설사가 있다면 꼭 장출혈성 대장균에 의한 장염을 의심해 봐야 합니다. 또 주변에 장출혈성 대장균에 의한 장염을 확진 받은 사람이 있는데 아이가 구토, 복통, 설사 등의 장염 증상이 있다면 반드시 의심해 봐야 합니다.

어떻게 예방할 수 있을까요?

세균성 장염은 대부분 입을 통해 감염됩니다. 오염된 음식(특히 고기)이나 물을 통해 감염되는 경우가 많고, 사람 대 사람으로 직접 전파도 가능합니다. 무엇보다 먹는 것과 관련된 예방이 중요합니다. 다음의 기초 수칙에 항상 유의해 주세요.

- 조리 및 식사 전 손 씻기
- 음식은 충분히 익혀 먹기
- 조리 시 식재료를 깨끗하게 하고, 조리기구 깨끗하게 관리하기
- 생육과 조리된 음식을 구분하여 보관하기
- 비살균 우유 및 생수는 섭취하지 않기

> 66
>
> 장염은 아이들이 가장 흔하게 걸리는 감염 질환 중 하나입니다. 증상이 심하다면 진료를 통해 세균성 장염인지 확인이 필요합니다. 세균성 장염이 의심되면서 증상이 심하거나, 장출혈성 대장균 감염이 의심되는 경우라면 적극적인 검사와 입원 치료가 필요합니다.
>
> 99

설사

전 세계적으로 소아 사망의 가장 흔한 원인으로 1년에 50~100만 명이 설사로 사망합니다. 우리나라는 의료 접근성이 좋아서 설사의 가장 중요한 치료인 수액 공급이 쉬워서 사망이 그리 많지는 않지만, 그래도 설사는 소아에서 가장 중요한 질환 중에 하나입니다.

소아의 설사에서 가장 중요한 두 원인 바이러스를 꼽자면 로타바이러스와 노로바이러스입니다. 로타바이러스는 어린 소아에서 중증 탈수를 초래하는 설사의 가장 중요한 원인이고, 노로바이러스는 소아부터 성인까지 발병하며 현재 우리나라에서 가장 많은 장염의 원인입니다.

2010년 질병관리본부에서 발표한 자료에 따르면 5세 이하 급성 설사 질환의 37%가 로타바이러스, 49%가 노로바이러스였습니다. 매년 겨울마다 특히 로타바이러스, 노로바이러스에 의한 장염이 많이 유행합니다. 최근에는 로타바이러스 백신의 효과로 이전보다는 로타바이러스에 의한 장염이 많이 줄었습니다.

노로바이러스, 들어보셨지요?

노로바이러스는 24시간 내외의 짧은 잠복기를 가지며 다른 장염 바이러스에 비해 구역, 구토가 현저합니다. 열, 근육통 등의 전신증상도 동반 가능하지만 주로 구토, 설사, 복통이 주된 증상입니다. 병의 기간은 대개 짧으면 1일, 길어도 3일 정도면 좋아지는 경우가 많습니다.

노로바이러스는 감염된 사람의 입안, 구토, 분변을 통해 전염됩니다. 감염자를 돌보거나 감염된 아이의 기저귀를 갈아주거나 감염자와 악수 정도의 신체 접촉, 감염자가 만진 손잡이를 잡은 후 입 주변을 만지는 것으로도 감염됩니다. 분변이나 경구가 주된 감염이라서 전파를 막는 가장 좋은 방법은 격리지만 실질적으로는 손 씻기가 매우 중요합니다.

잠복기일 때는 알 수 없고, 구토만으로 어린이집이나 유치원에서 장염을 의심하고 격리시키기 쉽지 않고, 격리해도 집처럼 철저하기 어렵기 때문입니다. 급식시설의 오염된 음식, 물에 의한 감염이 보고되기도 하는데, 이 경우 집단 감염의 위험이 있습니다.

노로바이러스 장염의 진단 방법

대변에서 검체를 채취하여 핵산증폭법으로 노로바이러스 유전자 확인이 가능합니다. 그러나 정확한 진단을 한다고 해서 치료가 달라지지는 않기 때문에 입원을 할 정도로 증상이 심한 경우 대부분 임상증상과 현재 유행하는 바이러스 정보를 종합하여 진단합니다.

설사나 복통, 구토 등을 줄여주는 약을 먹을 수 있지만 가장 중요한 치료의 목표는 탈수를 막는 것입니다. 독감과 달리 증상을 빨리 좋아지게 하는 항바이러스제도 없고, 바이러스 감염이기 때문에 항생제도 의미 없습니다. 구토, 설사가 심하지 않다면 물을 소량씩 자주 마시는 것으로도 탈수를 예방, 치료할 수 있지만 구토, 설사로 인한 탈수가 심하거나 심한 탈수가 예상되는 경우라면 좀 더 적극적인 방법이 필요합니다. 입원 치료가 어려운 경우라면 처방받아 복용할 수 있는 경구 수액을 추천합니다.

경구 수액에 포함된 나트륨과 포도당이 장내 물의 흡수를 증진시켜 경구 수액을 1분당 5㎖ 정도로 서서히 꾸준하게 먹인다면 구토를 줄일 수 있고, 정맥 수액만큼의 효과를 얻을 수 있습니다. 실제로 아프리카같이 정맥 수액이 어려운 환경에서는 경구 수액 개발 이후 수많은 아이들이 탈수로 인한 사망에서 벗어났습니다.

심한 탈수에는 정맥 수액 요법이 필요합니다. 특히 우리나라처럼 의료 접근이 좋다면 심한 탈수의 경우, 어린 환아에게는 장염 초기에 정맥 수액이 좋은 선택입니다. 과일주스나 스포츠음료, 탄산음료는 당분이 너무 많기 때문에 설사를 하는 어린 소아에게는 적절치 않습니다.

탈수가 교정되면 연령에 맞는 정상 식사를 하는 것이 빠른 장염 회복에 도움이 됩니다. 구토, 구역이 호전된 이후에도 죽, 미음, 희석시킨 분유 등을 오래 먹이는 것은 장점이 없으며, 실질적으로 설사의 기간을 길게 만듭니다. 모유 수유는 탈수를 교정하는 시기에도 계속하는 것이 좋습니다.

노로바이러스 장염에 걸리면 얼마나 격리해야 할까요?

아이가 기관에 다니는 부모님들이 가장 궁금해하실 부분입니다. 아이가 많이 아플 때는 힘들고, 다른 아이들에게 옮길 수도 있으니 당연히 집에 있지만, 증상이 좋아진다면 언제 다시 어린이집이나 유치원을 갈 수 있을까요? 미국 질병관리본부의 노로바이러스 장염 격리 가이드라인은 다음과 같습니다.

- 노로바이러스 장염이 유행하는 시기에는 증상이 없어진 뒤 최소한 48시간은 격리해야 한다.
- 특히 2세 미만의 소아와 같이 있는 경우에는 증상이 없어진 뒤 5일까지 격리해야 한다.
  → 구토나 설사 증상이 좋아진 뒤에도 48시간은 지나야 전염력이 약해집니다. 전염력이 완전히 없어질 때까지 격리하는 것은 현실적으로 불가능하기 때문에 여러 연구를 통해 48시간 정도를 적정 격리 시간으로 정한 것입니다.

수족구

수족구병이라고 들어보셨나요? 아이가 있는 부모님이라면 한 번쯤은 들어보셨을 것입니다. 아이들이 자주 걸리는 질환 중에서도 가장 힘들어하는 병 중에 하나이기 때문입니다. 수족구병은 손과 발, 입안에 수포가 발생하는 특징의 바이러스 질환입니다. 수족구병이 특히 힘든 이유는 입안에 난 수포가 매우 아파서 심한 경우 아이들이 물도 제대로 마시지 못할 정도이기 때문입니다.

실제로 수포가 심해 아이가 물로 제대로 못 먹어서 심한 탈수로 단지 수액을 맞기 위해 입원하기도 합니다. 다행히 입원까지는 아니더라도 물이나 음식을 먹기 힘들어하는 아이를 보고 있는 것은 부모로서 무척 힘든 일입니다.

수족구병의 경과

수족구병은 대개 1주일 이내에 좋아지는데, 그동안 탈수가 오지 않게 하는 것이 가장 중요합니다. 최대한 물을 자주 먹이고, 부드럽고 시원한 음식과 아이가 원하는 음식이라면 어떤 음식이라도 줘야 합니다. 아이가 잘 먹지 못해서 자꾸 쳐지고, 소변의 양이 줄어든다면 병원에서 수액을 맞아야 합니다. 뇌수막염이나 심근염으로 진행되기도 하므로 아이의 컨디션이 좋지 않으면 병원에 가야 합니다.

수족구병은 매년 조금씩 다르기는 하지만 날씨가 더워지는 여름, 6~8월에 가장 많이 유행합니다.

수족구병의 예방

수족구병의 원인인 콕사키 바이러스와 엔테로 바이러스는 접촉에 의해 전염됩니다. 따라서 수족구병의 예방에는 아이들이 많이 걸리는 다른 질환에 비해서도 손 씻기와 위생 관리가 특히 중요합니다. '손 씻기를 잘한다고 얼마나 예방이 되겠어', '어차피 걸릴 아이는 걸리고, 안 걸릴 아이는 안 걸리더라고'라고 말하시는 분이 많습니다. 그래서 이와 관련된 흥미로운 논문을 소개하려고 합니다.

이 연구는 한 지역에 사는 수족구병이나 헤르페스 목구멍염에 걸린 176명의 소아 환자와 201명의 증상이 없는 소아를 대상으로 진행했습니다. 수족구병, 헤르페스 목구멍염(같은 바이러스에 의한 질환)이 유행하는 시기였고, 대상자는 모두 6세 미만이었습니다.

이 환아와 환아를 돌보는 사람에게 세 가지 경우 때 손을 어떻게 씻는지를 물어보았습니다.

❶ 아이들이 놀고 난 뒤에 손을 씻는지
❷ 아이들이 먹기 전에 손을 씻는지
❸ 아이를 돌보는 사람이 아이 음식을 준비하기 전에 손을 씻는지
　 그리고 각각의 경우에 점수를 매겼습니다.

- **3점:** 거의 항상 잘 씻는다.
- **1점:** 종종 씻는다.
- **0점:** 안 씻는다.

수족구병이나 헤르페스 목구멍염이 걸린 그룹과 증상이 없는 그룹의 점수를 확인해 보았습니다. 결과는 수족구병이나 헤르페스 목구멍염이 걸린 그룹은 1~3점인 사람이 50%, 7점 이상인 사람은 12%밖에 되지 않았고, 증상이 없는 그룹은 1~3점인 사람이 2.5%, 7점 이상인 사람은 78%나 되었습니다.

이 결과는 손 씻기의 보호 효과가 80~98%에 달한다는 것을 말해줍니다. 수족구병에 걸린 그룹에는 손을 잘 안 씻은 사람이 많았고, 증상이 없는 그룹에는 손을 잘 씻은 사람이 많은 것을 확인할 수 있습니다. 물론 하나의 논문이기 때문에 절대적으로 생각할 수는 없더라도, 아이와 아이를 돌보는 사람의 손 씻기가 수족구병의 예방에 많이 중요하다는 것은 틀림없는 사실입니다.

> 66
> 손 씻기를 습관화하는 것은 매우 중요하지만 수족구병이 유행하는 시기에는 중요성이 더욱 커집니다. 아직 예방접종이 없는 수족구병, 손 씻기가 최선의 예방입니다.
> 99

헤르판지나

아이들 유행병 중에 수족구병과 사촌정도인 헤르판지나라는 병이 있습니다. 수족구병보다 조금 낯선 병인가요?

헤르판지나Herpangina는 헤르페스 목구멍염이나 설명하기 쉽도록 수족구병 사촌이라고 부르기도 합니다. 원인은 수족구병과 동일하게 콕사키 A 바이러스, 엔테로바이러스 71 등과 같은 장 바이러스입니다.

증상은 열, 입안의 수포, 궤양이 특징인데, 수족구병과 다른 점은 손, 발, 다리에는 수포가 생기지 않는다는 것입니다. 나이가 어릴수록 열이 더 높고, 25% 정도에서 구토와 복통이 동반됩니다. 입안의 수포, 궤양이 굉장히 아프기 때문에 통증, 삼킴 곤란이 동반됩니다. 수족구병과 더불어 아이들이 가장 힘들어하는 질환 중에 하나입니다.

헤르판지나는 손, 발에 수포가 없어서 입안을 진찰하기 전에는 진단하기 어렵습니다. 그래서 수족구병에 비해 뒤늦게 발견되는 경우가 많습니다. 실제로 외래에서 부모님은 열감기라고 생각하다가 헤르판지나라고 말씀드리면 깜짝 놀라시는 경우가 많습니다. 잘 안 먹는 것은 아이가 열로 힘들기 때문이라고 생각했는데 알고 보니 헤르판지나로 목이 아파서 잘 못 먹었던 것이지요.

대부분 경과도 양호하고, 특별한 치료가 있는 것도 아니기 때문에 조금 늦게 진단된다고 큰일 날 것은 없지만, 정확하게 진단하면 며칠 후 괜찮아질지 등의 경과와 입안이 아프다는 사실을 알 수 있기 때문에 좀 더 먹기 편한 것을 줄 수 있습니다.

헤르판지나의 치료 방법과 예후

치료는 수족구병처럼 증상에 대한 보존적인 치료 이외에는 특별히 없고, 보통 3~7일 사이에 열이 떨어지고, 수포, 궤양이 호전됩니다. 열은 대게 5일 이내로 떨어지지만 헤르판지나에 걸렸다면 꼭 기억하셔야 하는 것 2가지가 있습니다.

첫 번째는 탈수입니다. 어떤 아이는 입안에 수포가 아주 많아도 어느 정도 먹는 아이도 있고, 어떤 아이는 입안에 수포는 몇 개 없는데도 거의 먹지 않기도 합니다. 평소만큼 못 먹더라도 최대한 먹여야 하는데, 최대한 부드럽고 시원한 음식과 물 종류를 열심히 주어서 탈수가 오지 않게 하는 것이 중요합니다.

최대한 열심히 먹이려고 노력했는데도 아이가 처지고 소변양이 줄면 탈수 위험이 있습니다. 이때는 빨리 가까운 병원에서 수액을 맞아야 합니다. 헤르판지나로 수액이 지속적으로 필요해서 입원을 하기도 하고, 아이가 어릴수록 그 비율이 높습니다.

두 번째는 뇌수막염입니다. 드물지만 수족구병, 헤르판지나가 뇌수막염, 뇌염으로 진행될 수 있습니다. 아이가 많이 보채거나, 열이 떨어졌는데도 늘어지는 등 컨디션이 좋지 않으면 바로 병원에 데려가야 합니다. 흔한 일은 아니지만 가능하기 때문에 부모님께서 가능성을 알고 계셔야 합니다.

> 66
> 수족구병과 헤르판지나는 아이들이 가장 힘들어하는 병입니다. 철저한 손 씻기로 예방하면 가장 좋지만, 일단 걸렸다면 탈수와 뇌수막염의 발생 여부를 주의깊게 보는 것이 중요합니다.
> 99

감기, 독감

독감은 인플루엔자 바이러스에 의한 급성 호흡기 질환입니다. 기침, 콧물, 가래와 같은 감기 증상을 주로 일으키는데, 다른 호흡기 바이러스에 비해 발열, 오한, 근육통, 두통, 식욕 부진 등의 심한 증상을 동반하는 경우가 많아 독감이라고 부릅니다. 독감은 다른 호흡기 바이러스에 비해 전염성도 강하고, 소아나 노인 등 면역력이 약한 사람에게는 폐렴 등 심한 합병증을 일으키기 때문에 심각하게 받아들여야 합니다.

독감의 원인인 인플루엔자 바이러스는 크게 A, B, C형이 있고, 이중 A, B형이 주로 사람의 주된 병원체입니다. A형 인플루엔자 바이러스에 의해 발생한 독감을 흔히 A형 독감, B형 인플루엔자 바이러스에 의해 발생한 독감을 B형 독감이라고 부릅니다.

수 년에 한 번씩 새로운 아형의 인플루엔자 A 바이러스가 출현하게 되는데, 이 경우에는 사람들에게 이에 대한 면역이 없으므로 대유행하게 될 가능성이 높습니다. 2009년의 신종플루 기억나시나요? 돼지에서 기원한 새로운 H1N1 바이러스가 검출되면서 신종 인플루엔자로 불리게 되었고, 이 바이러스가 전 세계 214개국으로 퍼지면서 1년 동안 18,500명의 사망자를 발생시켰습니다.

다행히도 새로운 아형의 인플루엔자는 자주 출현하지는 않고, 보통 같은 아형 내에서 작은 변이가 더 흔합니다. 같은 아형 내에서의 변이는 사람들이 어느 정도 면역이 있고, 매년 세계보건기구에서 유행이 예상되는 타입의 인플루엔자 바이러스를 정해 예방접종을 시행하고 있기 때문에 국소적인 유행에 그치게 되는 경우가 많고, 피해도 적은 편입니다.

B형 인플루엔자 바이러스는 한 가지 혈청형으로 항원성의 큰 변이가 일어날 가능성은 적고, 현재로는 크게 2가지 계통의 B형 바이러스만 알려져 있습니다. 따라서 A형 독감에 비해서는 범유행pandemic하게 될 가능성은 훨씬 적습니다.

독감 증상과 독감의 전염

열 또는 약간의 열감, 오한, 기침, 인후통, 콧물, 근육통, 두통, 심한 피로감, 구토, 설사가 주요 증상입니다. 드물게 열이 없이 다른 증상만 있는 독감도 있습니다.

독감은 독감에 걸린 사람이 기침, 재채기를 하거나 말할 때 발생되는 비말droplet에 의해 인플루엔자 바이러스가 퍼지면서 감염됩니다. 이 비말이 주변 사람의 코나 입으로 들어가면 감염됩니다. 드물지만 인플루엔자 바이러스가 있는 물건을 만지고, 그 손으로 입이나 코, 눈을 만져서 감염되기도 합니다.

건강한 어른이 독감에 걸렸을 경우 증상이 나타나기 하루 전부터 다른 사람을 감염시킬 수 있고, 아프기 시작한 지 5~7일 후까지 전염력이 있습니다. 하지만 아이나 노인은 면역 시스템이 약해서 더 오랜 기간 다른 사람에게 감염시킬 수도 있습니다. 인플루엔자 바이러스에 감염되었다면 보통 1~4일 안에 증상이 나타납니다.

독감의 진단과 치료

유행 시기에는 증상만으로도 진단하기도 하지만 개인 병원에서 타미플루 등의 약을 고려하는 경우에는 간단한 인플루엔자 검사 키트로 확인합니다.

바이러스 질환이기 때문에 증상을 줄이는 약을 사용하며 스스로 회복되기를 기다리지만, 증상이 심한 사람, 소아나 노인, 기저 질환이 있는 사람 등 고위험군일 때 타미플루 같은 항바이러스 약을 사용하기도 합니다. 일반적인 독감은 항바이러스 약을 사용하면 1~2일 정도 빨리 회복되고, 심한 합병증을 막을 수 있습니다.

중이염과 항생제 사용

최근 영유아 항생제 남용이 사회적 이슈가 되면서 부모님께서도 항생제 사용에 대한 관심이 높아지신 것 같습니다. 언제나 소아과 의사로서 항생제 사용 여부를 결정하기는 쉽지 않습니다. 왜냐하면 아이들 감염의 대부분을 차지하는 호흡기 감염, 위장관 감염을 임상 증상과 신체 진찰 소견만으로는 세균성 감염과 바이러스 감염, 혼합 감염을 구분하기가 어려운 경우가 많기 때문입니다.

그래도 가장 쉽게 항생제 사용을 결정할 수 있는 대표적인 예가 중이염의 경우입니다.

중이염

중이염은 소아에서 항생제를 사용하는 가장 흔한 원인입니다. 모든 연령에서 발생하지만 생후 6~24개월 사이에 잦고, 24개월 이후부터 발생이 점점 줄어들어 초등학교 입학 이후에는 드물어집니다. 최근 폐구균 예방접종이 필수 접종에 포함되면서 이전보다는 발병이 줄어들고 있기도 합니다.

연구에 따르면 중이염의 원인 중 세균이 92%, 바이러스가 70%, 세균과 바이러스 둘 다 확인된 경우가 66% 정도 됩니다. 따라서 세균을 죽이는 약인 항생제가 대부분의 중이염 치료에 적절하다고 볼 수 있습니다. 하지만 세균 감염이라도 항생제 복용 없이 회복되기도 해서 무조건 사용하지는 않습니다.

중이염에 걸리면 꼭 항생제를 써야 하나요?

환자 개개인의 증상과 상황에 맞게 담당 의사 선생님이 결정하지만 미국 소아과 학회의 명확한 기준은 있습니다. 우선 생후 6개월 미만의 중이염에서는 반드시, 2세 미만의 중이염에서도 되도록 항생제를 쓰기를 권고합니다. 이 연령에서는 항생제를 쓰지 않고 회복되는 비율이 적기 때문입니다.

2세 이상에서는 이통 등의 증상이 심하거나 고열이 있으면 항생제 사용을 고려하고, 증상이 심하지 않으면 며칠 경과를 보고 결정합니다. 짧게 경과를 확인하기 힘든 상황에서는 항생제를 사용하는 것이 나을 수 있습니다.

치료 경과 확인

급성 중이염의 호전 이후 중요한 것은 고막에 찬 물이 다 없어지는지를 확인하는 것입니다. 통계적으로 1개월 경과 후 40%, 3개월 경과 후 10% 정도에서 고막에 물이 남아있습니다. 일부는 고막에 물이 계속 차 있을 수 있는데 이때 청력 손실이 우려되어 물을 빼주는 시술이 필요하기도 합니다. 따라서 중이염 이후에는 고막에 물이 다 빠지는 것이 확인될 때까지 진료를 봐야 합니다.

중이염의 발병을 줄이는 방법

공갈젖꼭지의 사용은 중이염의 위험을 높입니다. 돌 이후에는 공갈 젖꼭지를 끊는 것이 중이염의 예방과 치아 건강에 도움이 됩니다. 모유 수유 역시 중이염 예방에 효과가 있습니다. 특히 출생 후 6개월 이상 완전 모유 수유가 뚜렷한 중이염 예방 효과가 있다고 연구로 확인되었고, 혼합 수유도 분유 수유만 하는 것보다 중이염 예방에 효과가 있습니다.

> 66
>
> 중이염은 소아에서 항생제를 복용해야 하는 가장 흔하고 확실한 원인입니다. 중이염이 의심되면 진료를 통해 확실히 진단하고, 아이의 나이와 증상을 고려해 치료해야 합니다. 급성 증상 호전 이후에도 고막에 물이 다 빠지는 것까지 확실히 확인하는 것도 중요합니다.
>
> 99

"너무 힘든 사회적 거리두기,
효과가 있나요?"

최근 코로나 이슈로 사회적 거리두기 단계에 대한 관심이 늘고 있습니다. 모든 사람이 큰 불편과 어려움을 감수하고 있지만, 우리 아이들도 너무나 힘든 시간을 보내고 있습니다. 학교, 유치원을 격일로 가고 온라인 수업을 듣는, 이전에는 상상도 못한 일들이 너무 당연하게 일상이 되었고 아침부터 저녁까지 하루 종일 마스크를 쓰고 생활합니다. 아이들도 힘들지만 제가 부모로서 직접 겪는 어려움 또한 말로 다 할 수가 없을 정도입니다.

이렇게 아이들이 힘들게 사회적 거리두기를 하는 것이 정말로 코로나바이러스 예방에 효과가 있을까요? 당연히 효과가 있을 것 같지만 확실하게 대답하기는 어려운 질문입니다. 최근 간접적인 대답이 될 수 있는 흥미로운 논문이 발표되어 소개합니다.

사회적 거리두기

코로나바이러스의 지역사회 감염 확산을 막기 위해 사람들 사이의 거리를 유지하는 감염 통제 조치 혹은 캠페인을 이르는 말입니다. 학교나 공공시설을 제한하기, 집합 금지, 실내에서 물리적 거리 두기, 실내 마스크 착용하기 등의 방역조치가 포함됩니다.

최근 미국 소아과 학회지에 흥미로운 논문이 하나 실렸습니다. 아이들에게 사회적 거리두기가 미치는 효과를 알아보기 위해 코로나바이러스가 대유행하기 전 몇 년과 올해의 소아과 입원 환자 수를 비교하고, 또 입원 환자 중 호흡기 바이러스와 관련이 있는 질환과 아닌 질환의 환자 수를 비교했습니다(코로나바이러스 환자 제외, 수술이나 선천성 질환과 관련된 환자 제외).

결과는 사회적 거리두기를 시작한 올해에 소아과 입원환자 수와 호흡기 바이러스 감염 관련 질환이 급격하게 감소한 반면, 그렇지 않은 질환은 크게 감소하지 않았습니다. 결국 사회적 거리두기가 호흡기 바이러스 감염을 줄이는 데는 큰 효과가 있다는 결론입니다.

우리나라에서의 효과

우리나라도 같은 상황입니다. 외래나 응급실 방문 환자, 입원 환자 추이를 보면 정말 호흡기 바이러스 감염은 거의 없다고 말할 수 있을 정도로 감소했습니다. 이전에는 발열 환자의 80~90%가 호흡기 바이러스 감염이었는데, 2020년에는 검사에서 특정 호흡기 바이러스가 검출되는 경우가 손에 꼽을 정도로 적었습니다.

그만큼 우리나라에서도 아이들이 사회적 거리두기를 하고, 마스크를 열심히 쓰는 것이 코로나바이러스를 포함한 호흡기 바이러스 예방에 효과적이라는 것입니다.

다른 호흡기 바이러스 감염이 줄어들었기 때문에 사회적 혼란도 훨씬 줄었습니다. 요즘은 열, 기침, 콧물, 가래와 같은 호흡기 증상만으로 많은 제한이 있는 시기이기 때문에 아이들 사이에 다른 호흡기 바이러스가 유행했다면 사회적 혼란은 지금보다 훨씬 컸을 것입니다. 그걸 막은 것만 해도 큰 효과라고 할 수 있습니다.

비감염성 질환의 증가

사회적 거리두기를 통해 호흡기 감염은 줄었지만 아이들의 비감염성 질환은 증가했습니다. 비만, 변비, 당뇨병, 지방간염 등의 질환인데 아무래도 집에 있는 시간이 길어지고, 운동하기가 힘들어져서 활동량이 급격히 줄어든 것과 연관이 있습니다.

성인에게서 문제가 되고 있는 사회적 거리두기와 연관된 스트레스, 우울증 역시 아이들, 특히 청소년들에게 많은 문제를 일으키고 있습니다.

> 병원에서 일하면서 막연하게 느끼던 사실을 객관적인 자료로 확인하게 되어 개인적으로 많이 흥미로웠습니다. 부모님께서 너무나 수고하시면서 동참하고 계신 사회적 거리두기가 이렇게 아이들에게 큰 의미가 있다는 것에 조금이나마 위로를 받으시고, 조금만 더 힘내시면 좋겠습니다. 그래도 코로나바이러스 대유행은 제발 빨리 끝나면 좋겠네요.

아이가 아픈 거 같아요

국제 최신
논문 기반의
육아 솔루션

체온계 사용과 체온 측정 가이드

아이는 성인에 비해서 열이 자주 납니다. 그래서 아이가 아파 보이면 가장 먼저 열을 측정해서 열이 있는지, 몇 도인지를 확인하게 됩니다. 최근에는 코로나바이러스 대유행 때문에 꼭 아프지 않더라도 학교나 유치원의 방역 수칙의 하나로 매일 체온을 측정하기도 합니다. 가끔은 체온이 좀 높게 나오는 경우도 있고, 오히려 너무 낮게 나오는 경우도 있습니다.

아이의 체온은 어떻게 측정하는 것이 정확하고, 주의해야 할 점은 무엇일까요?

발열

발열fever은 체온이 정상 이상으로 상승하는 것을 말합니다. 아이의 체온은 나이, 측정하는 시간, 활동량, 환경 등 여러 요인의 영향을 받고, 기준이 약간 다르기는 하지만 일반적으로 체온이 37.5도 이상이면 미열, 38도 이상이면 열이 있다고 합니다.

고열

체온이 많이 높아서 걱정을 해야 할 열을 고열이라고 합니다. 고열이 있는 경우 감염 여부를 포함하여 문제가 있는지 진료, 검사가 필요합니다.

고열의 기준은 아이의 나이나 동반되는 임상 증상에 따라 다르지만 체온을 기준으로 했을 때는 3개월 미만의 영아는 38도 이상, 3~36개월의 소아는 39도 이상, 3세 이상의 소아는 39.5도 이상을 의미합니다.

고열이 있을 때는 컨디션이 양호하더라도 가까운 병원에 방문해 진료를 보는 것이 좋고, 특히 3개월 미만의 영아는 열이 있으면 해열제를 먹이고 열이 내리기를 기다리는 것이 아니라 진료를 우선 보는 것이 중요합니다. 물론 아이의 컨디션이 좋지 않을 때는 고열 여부와 상관없이 진료가 필요합니다.

어떤 측정 방법이 가장 정확할까요?

체온은 다양한 곳에서 잴 수 있습니다. 전통적으로는 입, 겨드랑이, 항문을 통한 접촉식 체온 측정을 해왔고, 최근에는 고막을 통한 체온 측정이나 비접촉으로 이마를 통한 체온 측정도 많이 사용하고 있습니다.

3세 미만의 아이는 항문으로 측정하는 것이 가장 정확(심부 체온과 가장 비슷)하고, 4세 이상의 소아는 구강을 통한 측정이 가장 정확합니다. 각 체온계의 사용법대로 정확히 사용한다면 이마, 고막 순으로 정확하고, 겨드랑이를 통한 측정이 가장 덜 정확(심부 체온과 약간의 차이가 있지만 부정확하다는 뜻은 아닙니다)합니다. 하지만 체온계의 주의사항을 지키며 사용법대로 사용한다면 어떤 체온계도 일상생활에서 사용하기에는 충분합니다.

어떤 타입의 체온계가 가장 좋을까요?

어떤 타입이건 디지털 체온계를 추천합니다. 디지털 체온계 중 아이의 연령, 사용 환경, 각 체온계의 장단점을 고려하여 선택하시면 됩니다.

❶ 다용도 디지털 체온계 : 직접 접촉을 통해 체 온을 측정하는 체온계로 아이들의 항문, 입, 겨드랑이 등에서 체온을 측정할 수 있습니다. 정확도가 높고 체온계의 가격도 상대적으로 저렴하다는 장점이 있지만 아무래도 사용하

기에 조금 불편하고, 시간도 오래 걸립니다.

➡ 항문을 통한 체온 측정은 어린아이들, 특히 3개월 미만의 아이들에게 가장 정확한 체온 측정 방법입니다. 보통 아이를 똑바로 눕힌 뒤 다리를 위로 올리고 항문에 체온계를 1~2cm 정도 넣어 체온을 측정합니다. 체온계와 항문에 의료용 젤을 바르면 더욱 수월하게 측정할 수 있습니다. 제대로 한다면 아프거나 불편하지 않기 때문에 저항이 없어야 하고, 만약 아이가 저항한다면 억지로 해서는 안됩니다. 검사 후에는 체온계를 알코올 스왑 등으로 깨끗이 소독해야 합니다(당연히 항문에 사용한 체온계는 항문용으로만 사용해야 합니다).

➡ 구강 체온 측정은 4세 이상의 아이에게 할 수 있습니다. 그보다 어린아이는 협조가 잘 되지 않아 어렵습니다. 최소 30분은 뜨겁거나 찬 음식을 먹지 않아야 정확한 체온 측정이 가능합니다.

➡ 겨드랑이 체온 측정은 겨드랑이에 물기가 없는 것을 확인 후 측정합니다. 항문, 구강 측정보다 편하지만 정확도는 살짝 떨어집니다. 하지만 주변 환경에 영향을 가장 덜 받고 일정하게 체온을 잴 수 있고, 위치만 잘 맞추면 신생아, 어린아이들에게도 사용할 수 있습니다.

❷ **고막 적외선 체온계** : 고막의 체온을 통해 아이의 체온을 측정하는 방법입니다. 힘들지 않게 정확한 체온 측정이 가능합니다. 다만 6개월 이상의 아이에게만 사용해야 하고, 그보다 어린아이는 귀가 너무 작아서 결과가 부정확할 수 있습

니다. 외부에 있다가 들어온 경우는 결과에 영향이 없도록 적어도 15분 정도 경과한 다음 체온을 측정해야 정확한 측정이 가능합니다. 간혹 귀지가 많은 경우에도 체온 측정 결과에 영향을 줄 수 있습니다.

❸ **비접촉식 이마 체온계** : 이마를 지나는 혈관을 통해 체온을 측정하는 방법입니다. 신생아를 포함한 모든 연령에서 사용할 수 있다는 장점이 있고, 비접촉식이기 때문에 위생적이며, 가장 간단한 측정 방법입니다.

➜ 기계 종류에 따라 이마의 어떤 부위에서 측정하는지, 거리는 어느 정도 두어야 하는지가 다를 수 있으니 정확한 측정 방법을 확인 후 사용하셔야 합니다. 고막 체온계와 마찬가지로 너무 덥거나 추운 바깥의 날씨가 영향을 줄 수 있기 때문에 외부에 있다가 들어온 경우는 15분 정도 경과 후 체온을 측정해야 합니다.

66

체온 측정을 정확하게 하는 것은 중요합니다. 체온을 정확하게 측정하지 못하면 괜히 하지 않아도 될 진료나 검사를 하게 되기도 하고, 몸이 아플 때 중요한 증상인 발열을 놓쳐서 치료가 늦어질 수도 있습니다. 특히 지금 코로나바이러스 대유행의 시대에는 정확한 체온 측정이 더욱 중요해졌죠. 이 글이 체온계를 선택, 사용하시는 데 도움이 되면 좋겠습니다.

99

열성경련은 정말 괜찮을까요?

　오늘따라 아이가 콧물도 좀 있는 것 같고, 밥도 잘 안 먹고, 평소보다 컨디션이 안 좋은 것 같습니다. 씻기고 잘 준비를 하는데 갑자기 아이의 몸이 뻣뻣해지면서 부르르 떨고, 눈은 위로 돌아갑니다. 너무 놀라서 아이를 안고 팔다리를 주무릅니다. 2~3분 정도 지났으려나, 끝나지 않을 것 같은 시간이 지나가고, 아이는 더 이상 경련은 하지 않는 것 같습니다.

　아이를 데리고 빨리 응급실로 갑니다. 아이가 경련을 해서 왔다고 하자, 열을 재보고 고열이라고 합니다. 아이는 피검사를 하며 수액을 맞습니다. 2~3시간 뒤 다행히 검사 결과는 괜찮고, 단순열성경련으로 보이니 몇 시간 더 경과 관찰 후 재경련이 없이 아이가 깨어나면 퇴원해도 된다고 합니다.

　아이를 데리고 집에 왔는데 열은 계속 납니다. 걱정스러운 마음에 밤새 아이 옆을 지키면서 열성경련이 무엇인지, 후유증은 없는지 휴대전화로 검색을 해 봅니다.

　이것이 보통 아이가 열성경련이 발생했을 때 겪게 되는 가장 흔한 상황입니다. 열성경련은 아이를 키우면서 겪는 질환들 중 부모님이 느끼는 충격이 가장 큰 질환 중 하나인데, 병원에서는 괜찮다고 하니 다행스러우면서도 혼란스럽기도 합니다.

열성경련은 왜 발생하는 것인가요?

열성경련의 발생기전은 아직 명확히 밝혀지지 않았지만 미성숙한 신경계가 체온 상승에 영향을 받아서 정상적인 평형상태를 유지하지 못하고 이상 흥분상태로 변화하는 것으로 설명하는 가설이 가장 우세합니다. 쉽게 이야기하면 아이의 뇌가 아직 미성숙하기 때문에 열에 의해서 일시적 발작을 보이는 것입니다. 아이가 자라서 뇌가 성숙해지면 일어나지 않습니다.

열성경련이 일어났다면 아이의 고개를 한쪽으로 향하고 분비물을 옆으로 흐르게 하여 기도를 막지 않는 것이 중요합니다. 팔다리를 억지로 펴거나 손발을 바늘로 따는 것은 위험하니 금지이고, 팔다리를 주무르는 것도 경련을 멈출 수 없습니다. 소아청소년과 교과서에서는 경련이 5분 이상 지속되면 응급실에 가라고 하지만 현실적으로는 되도록 빨리 응급실에 가는 것이 중요합니다.

열성경련은 왜 괜찮은가요?

엄밀히는 단순열성경련이 괜찮은 것입니다. 단순열성경련은 발열과 동반되어 15분 이내의 경련을 했고, 24시간 이내에 재발이 없고, 전실형 발작 양상으로 한 열성경련을 말합니다. 단순열성경련의 합병증은 매우 드물고, 뇌전증(간질)로의 이행도 1% 미만으로 매우 드뭅니다. 따라서 단순열성경련은 뇌 MRI 검사나 뇌파검사 같은 추가 검사도 시행하지 않습니다. 또 혹시 다음에 열성경련이 재발하더라도 열성경련의 반복이 지능, 성격, 집중력, 사회성 등에 나쁜 영향을 미친다는 증거는 없습니다.

열성경련은 열성경련인지, 또 단순열성경련이 맞는지를 부모님이 알기 어렵기 때문에 응급실에 가야 합니다. 드물지만 뇌수막염, 뇌염 등의 질환으로 열이 나면서 경련을 하기도 하고, 탈수에 의한 전해질 이상으로 경련하는 경우도 있습니다. 따라서 적절한 신체 진찰과 검사를 해서 그런 질환들과 감별하는 것이 중요합니다.

또 경련이 멎은 줄 알았는데 부분 발작이나 비특이적 발작이 계속되기도 하고, 멈췄다가 다시 경련을 심하게 하는 경우도 있기 때문에 그런 상황에서 빠른 조치(항경련제 투여 등)가 가능한 응급실에서 일정 시간 경과 관찰을 하는 것이 중요합니다.

열성경련을 예방할 수는 없나요?

열성경련은 기본적으로 열 때문에 발생하는 것이기 때문에 이론적으로는 열을 안 나게 하면 예방할 수 있습니다. 하지만 반 정도의 열성경련이 발열 초기에 발생하기 때문에 많은 경우가 경련 후에나 열이 있다는 것을 알게 됩니다. 자주 열성경련을 앓는 경우라면 열을 좀 더 자주 체크하여 미열이 있을 때 미리 해열제를 먹이는 등의 조치로 예방하려고 노력해 볼 수는 있겠으나 일반적인 경우의 예방은 쉽지 않습니다.

열성경련은 열이 난 첫날에 많이 발생하고, 13% 정도만이 열이 시작된 지 24시간 이후에 발작이 발생합니다. 따라서 열이 시작된 첫날이 넘어가면 조금은 안심하셔도 됩니다.

통계적으로 열성경련을 겪은 아이들의 30% 정도에서 1회 이상의 열성경련이 재발합니다. 재발을 하는 아이들 중 50%는 1년 이내, 90% 이상이 2년 이내에 재발합니다. 이 말을 거꾸로 보면 처음 열성경련이 발생한지 2년이 지나면 어느 정도 안심하셔도 됩니다. 열성경련의 가족력이 있거나 1세 이하의 어린 나이에 열성경련이 발생했거나 하루에 여러번 경련을 한 경우에는 열성경련의 재발률이 더 높습니다.

> 66
>
> 열성경련은 소아 때 발생하는 가장 흔한 신경학적 증상으로 발병률은 2~5% 정도입니다. 넓게 잡으면 20명 중 1명에게 발생하죠. 이 글을 읽으시는 부모님들 누구에게나 일어날 수 있는 일입니다. 발생하기 전에 미리 알고 계시면 혹시라도 발생하였을 때 조금은 덜 당황하고 적절하게 대처하실 수 있습니다.
>
> 99

배가 자주 아프다는데 어떻게 하나요?

아이들은 생각보다 배가 아프다는 이야기를 자주 합니다. 통계적으로 보면 10~20%의 아이들이 1주일에 한 번 이상 복통을 호소한다고 합니다. 부모님 입장에서는 아이가 배가 많이 아파 보이면 당연히 병원에 데리고 가겠지만, 심하지는 않아 보이는 복통을 자주 호소한다면 고민이 될 수밖에 없습니다.

'병원에 가봐야 하나, 말아야 하나… 가면 어느 병원을 가야 하나?'

우선 알고 계셔야 할 것은 만성복통의 정의입니다. 만성복통은 최소 2달 이상, 적어도 1주일에 한 번 이상 배가 아프다고 하는 것을 이야기합니다. 한 달에 한두 번 정도만 배가 아프거나, 배가 아픈 지 한 달이 안 되었다면 아직 만성복통이 아닙니다. 이것을 거꾸로 이야기하면 1~2달 이내의 복통은 장염, 다른 감염, 식습관의 변화, 생활 환경의 변화, 스트레스 등 다양한 이유로 흔하게 있을 수 있는 일이라는 것입니다. 이런 경우는 증상이 심하지 않다면 저절로 회복되는지 기다려 볼 수 있습니다.

만성복통의 기준에 들어간다고 다 이상이 있다는 것은 아닙니다. 사실 만성복통의 2/3 이상이 '기능성 복통'으로 큰 이상이 없는 경우입니다. 하지만 또 일부에서는 치료가 필요한 질환이 만성복통의 원인인 경우도 있기 때문에 주의가 필요합니다.

병원에 가서 진료와 검사를 받아봐야 하는 경우

가장 중요한 것 중에 하나는 경고 증상의 유무입니다. 만성복통과 경고 증상이 함께 있다면 적극적인 검사가 필요합니다. 상황에 따라 다르지만 혈액검사, 소변검사, 대변검사, 초음파, 복부 CT, 위내시경, 대장내시경 등의 검사를 해야 합니다. 대표적인 경고 증상은 다음과 같습니다.

- 체중 감소(특히 10% 이상)
- 반복적인 구토(음식물을 토해내는 확실한 구토)
- 만성 설사(특히 설사 때문에 밤에 자다가 깨는 경우)
- 항문 주변 질환(반복되는 농양, 누공, 열상, 피부 꼬리 등)
- 삼킴 곤란
- 입안에 반복적인 궤양
- 토혈, 혈변
- 설명이 안 되는 반복적인 발열
- 성장부진, 사춘기 지연
- 뚜렷한 위장관 질환 가족력(특히 염증성 장질환)
- 지속적인 우상복부 통증
- 소변 관련 증상
- 장외 증상(심한 어지럼증, 피곤, 두통, 흉통, 팔다리 통증 등)

이런 경고 증상이 모두 어떤 질환과 연관되어 있다고 단정 지을 수는 없지만, 반드시 기본적인 검사는 필요합니다. 또 경고 증상이 없더라도 복통이 아이의 일상생활에 장애를 줄 정도(예를 들어 아이가 유치원이나 학교를 자주 빠지거나, 학원이나 학업 등에 심한 방해를 줄 정도)라면 병원에 가보시기를 추천합니다.

지금 다룬 내용은 몇 시간이나 며칠 배가 아픈 급성복통에 관한 내용이 아닙니다. 급성복통이 있고 특히 복통이 점점 심해진다면 그것은 빠른 조치가 필요한 질환일 수 있으니 빠른 진료가 필요합니다.

> 66
>
> 복통은 너무나 다양한 형태를 보이기 때문에 글을 통해 어떤 것은 괜찮고, 어떤 것은 괜찮지 않다고 말씀드리기 굉장히 어렵습니다. 하지만 하나 확실하게 말씀드릴 수 있는 것은 경고 증상이 동반된다면 반드시 검사가 필요한 상황이라는 것입니다. 또 부모님께서 판단하기 어려울 때도 진료를 추천합니다.
>
> 99

혹시 변비는 아닐까요?

자주 배가 아픈 아이, 혹시 변비?

외래에서 배가 오랫동안 자주 아프다고 하는 아이들, 청소년들을 진료하면 만성복통의 원인이 변비인 경우가 생각보다 많습니다. 그런데 부모님께서 의외로 모르고 계시는 경우도 많습니다. 아이가 어릴 때는 대변 보는 것을 매번 부모님이 도와주면서 얼마나 자주, 어떻게, 얼만큼 보는지 알기 쉽지만, 아이가 어느 정도 커서 혼자 하는 나이가 되면 정확히 알기 어렵기 때문입니다.

아이가 심한 변비라면 실제로 대변을 자주 안 보고, 대변을 볼 때 아파한다던가, 휴지에 피가 묻어나는 등의 증상이 있어서 비교적 알기 쉽습니다. 대변을 1~3일에 한 번씩 보기는 하지만 양을 적게(토끼똥처럼 보이는 형태나 소량의 무른 변) 볼 수도 있는데 이 경우 부모님의 생각과는 달리 변비일 수도 있습니다.

실제로 대변을 매일 본다고 하는데도 복부 촉진에서 딱딱한 대변이 많이 만져지거나, 직장 수지 검사에서 직장에 커다랗고 딱딱한 변 덩어리가 만져지기도 합니다. 심한 경우 복부 엑스레이에서 대장 전체에 대변이 꽉 차 있기도 합니다. 이 경우 실제 매일 보는 대변은 직장에서 밀려나오는 소량이고, 아이는 변비일 수 있습니다.

따라서 배변을 힘들어 하거나 소량이라면 병원을 찾아 정확한 배변 양상, 진찰 소견, 엑스레이 소견 등을 종합해서 변비 유무를 잘 확인해야 합니다. 아이가 자주 배가 아프다고 한다면 앞서 다룬 '경고 증상'의 유무를 확인하는 것이 가장 중요하지만 증상이 없다면 혹시 변비는 아닌지 확인해 볼 필요가 있습니다.

아이가 대변을 잘 보는 것. 어떻게 보면 당연한 것 같지만 변비가 있는 아이의 부모에게는 이 당연한 일이 얼마나 부러운 일인지 모릅니다. 성인도 변비가 심하면 힘든데, 작은 아이가 대변이 잘 나오지 않아서 끙끙거리거나, 심한 경우에는 자꾸 팬티에 대변을 묻혀서 스트레스 받고, 힘들어하는 모습을 보면 너무나 안쓰럽습니다.

소아 변비

변비는 대변이 굵고, 딱딱하여 배변이 힘든 상태를 말합니다. 변비가 심하면 직장에 차 있는 대변이 항문으로 새어 나오는 변 지림이 발생하기도 하는데, 복통을 동반한 변 지림과 배변 시 발생하는 통증은 소아 변비의 전형적인 특징입니다(변 지림은 만 4세 이상에서 의도하지 않게 대변이 나와 속옷에 묻는 증상으로 정의합니다).

변비는 흔한 질환으로 3~10% 정도의 아이들이 변비를 겪습니다. 다행히 90~95%가 다른 문제는 없는 기능성 변비이므로 변비만 잘 치료하면 됩니다. 변 지림은 0.9~7.8%의 아이들에게 발생하며 80~95% 이상이 변비가 있는 아이들에게서 발생합니다. 부모님이 처음 변 지림을 보면 장염에 의한 설사, 실수라고 생각하시지만 반복되는 변 지림은 변비와 연관된 경우가 많습니다.

평균 배변 횟수

아이가 태어난 첫 주에는 하루 평균 4~5번씩 대변을 봅니다. 모유 수유를 하는 아이는 처음 며칠은 더 적게 보다가 먹는 양이 늘어나면서 더 자주 봅니다. 이후 생후 3개월까지 모유 먹는 아이는 하루 평균 3회, 분유 먹는 아이는 하루 평균 2회 정도 대변을 봅니다.

그렇지만 아이가 어릴 때는 아이마다 배변 횟수가 굉장히 다양합니다. 특히 모유 수유를 하는 아이는 하루에 7~8회 이상 보기도 하고 1주일에 1회만 보기도 합니다. 이때 대변이 딱딱하지 않고 아이가 잘 먹고 몸무게가 잘 늘어나면 대부분 정상입니다.

3개월~만 4세까지의 하루 평균은 1~2회, 만 4세 이후에는 하루에 한 번 또는 격일에 한 번 정도가 평균입니다. 물론 평균보다 조금 많이 보거나 적게 본다고 문제가 있는 것은 아닙니다.

만성 기능성 변비의 정의

사실 아이마다 먹는 양, 활동량이 각자 다르고, 배변 기능의 차이도 존재하기 때문에 어느 정도까지가 정상적인 배변이고, 어느 정도부터가 변비인지 정하는 것은 쉽지 않습니다. 하지만 의학적으로 치료가 필요한 만성변비의 기준은 다음과 같이 정해져 있습니다.

❶ 일주일에 2회 이하 배변

❷ 일주일에 1회 이상 변 지림

❸ 변을 참는 행동

❹ 굳은 변 또는 배변 시 항문 통증

❺ 직장 수지 검사에서 직장에 커다란 변 덩어리

❻ 딱딱하고 큰 변에 의한 변기 막힘

➡ 만 4세까지는 위의 내용 중 2가지 이상이 한 달 이상

➡ 만 4세 이상에서는 위의 내용 중 2가지 이상이 일주일에 한 번 이상
적어도 두 달 이상

생각보다 기준이 까다롭지요? 위의 증상이 한 달, 또는 두 달 이상 있어야 만성변비로 진단합니다. 반대로 위의 증상이 한 달 이하의 짧은 기간에 나타난다면 식이조절 또는 짧은 변비약 복용으로 해결 가능한 경우가 많습니다.

영아 배변 장애

영아 배변 장애라는 것이 있습니다. 6개월 미만(대부분 3개월 미만)의 아이들이 대변 보기 10분 전부터 힘주고, 울고, 보채다가 대변을 보고 나서 괜찮아지는 증상입니다. 많은 부모님이 이 경우 아이에게 변비가 있다고 여기지만 딱딱하지 않은 대변을 성공적으로 본다면 아이가 아직 적절하게 배변에 필요한 근육을 사용하지 못해서 발생하는 현상이지, 변비는 아닙니다. 이 증상은 보통 아이가 크면서 좋아집니다.

변비의 흔한 원인

정상적인 배변을 하던 아이가 한두 번 딱딱하고 큰 대변을 볼 수 있습니다. 그때 항문에 심한 통증을 경험한 아이는 이후 대변 보는 것이 무서워져서 의식적 또는 무의식적으로 대변을 참으려고 합니다.

대변을 참으면 직장에 대변이 머물고, 직장에서 수분을 흡수해서 대변은 더 딱딱해지고, 더욱 보기 힘들어집니다. 이것이 반복되면 직장 벽이 늘어나면서 더 쉽게 변비가 발생하고, 직장에서는 정상적인 배변 느낌 자체가 약해져 변비가 더욱 악화되어 만성변비로 진행됩니다. 아이들의 기능성 변비는 대부분 이런 과정을 거쳐 발생합니다.

변비 치료의 필요성

위의 진단 기준에 포함되는 변비라면 이미 악순환이 진행되었고, 악순환을 끊어주지 않으면 변비는 악화되며 만성으로 진행됩니다. 반복되는 배변 통증도 아이를 힘들게 하지만, 변비가 심해서 대변의 일부가 팬티에 묻는 변 지림 현상까지 발생한다면 아이의 스트레스는 상당히 커질 수 있습니다.

특히 아이가 어린이집이나 유치원, 초등학교에 다니는 상황에서 변 지림이 반복된다면 아이가 받는 사회적 스트레스는 매우 큽니다. 실제로 아이들의 변비와 변 지림에 의한 삶의 질 저하가 염증성 장질환이나 역류성 식도염 같은 심한 질환보다도 더 크다는 연구도 있습니다.

변비는 어떻게 치료하나요?

간단히 이야기하면 변비약과 행동 조절, 식이조절을 이용하여 변비의 악순환을 끊어주는 것으로 치료할 수 있습니다. 예전에는 물을 많이 먹는다던지, 섬유질이 많은 음식이나 보조 식품을 먹는 등의 식이조절이 강조되었지만 최근 연구에 따르면 적어도 만성변비 기준에 들어갈 정도의 변비에서는 식이조절만으로는 효과가 부족합니다.

따라서 적절한 변비약을 복용하면서, 충분한 야채, 과일, 곡물, 수분 보충도 하고, 식후에 변기에 5분 정도 앉는 습관을 들이는 등의 행동 조절까지 포괄적인 치료가 필요합니다. 변비약을 일정 기간 이상 꾸준히 복용하는 것이 치료에 가장 중요합니다.

특히 아이가 변 지림을 반복할 때 아이를 훈육해서 고치려는 경우가 종종 있습니다. 마치 예전에 아이들이 오줌을 싸면 소금을 얻어오게 하면서 고치려고 했던 것처럼, 훈육을 하면 고쳐질 것으로 생각하기 때문입니다. 하지만 대부분의 변 지림은 심한 변비에 의한 의도하지 않은 결과로 아이의 잘못이 아닙니다. 오히려 아이를 잘 격려하고, 치료를 받으면서 변비를 이겨내고, 다시 정상적인 배변습관을 가지도록 도와주는 것이 중요합니다.

급성 변비 VS 만성변비

코로나바이러스로 아이들이 집에 있는 시간이 길어졌습니다. 아이들의 외부 활동이 많이 줄어들면서 원래는 변비가 없던 아이에게 갑자기 변비 증상이 생기는 경우가 늘어나는 것 같습니다. 아이에게 변비 증상이 갑자기 발생하였고, 그 기간이 8주 이내인 경우를 급성 변비라고 합니다. 변비 증상이 2~3달 이상 된 경우는 만성변비입니다.

이 구분이 중요한 이유는 급성 변비는 수일 또는 수주의 치료로도 금방 회복되는 경우가 많지만, 만성변비는 회복까지 대부분 6개월 이상, 길게는 1~2년의 치료가 필요하기 때문입니다. 또 급성 변비를 적절한 시기에 치료하지 않으면 쉽게 만성변비로 이어질 수 있어 주의가 필요합니다. 한번 만성변비까지 진행이 되면 늘어난 직장과 얇아진 근육이 회복되어 정상적인 기능을 하기까지 적극적인 치료를 하면서도 수개월 이상이 소요됩니다. 급성 변비는 다음과 같은 시기에 발생할 수 있습니다.

- 이유식, 유아식을 시작하는 시기
- 처음 우유를 먹게 되는 시기
- 배변 훈련(기저귀를 떼는 훈련)을 하는 시기
- 유치원이나 학교를 처음 가는 시기
- 이사, 여행 등의 이유로 갑자기 환경이 바뀌는 시기

흔한 경우는 아니지만 요즘처럼 특수한 이유로 생활습관이 달라지거나 활동이 떨어지는 경우도 하나의 원인이 될 수 있습니다. 코로나 이후로 실제로 병원에 변비 환자가 많이 늘고 있습니다.

이런 시기에 변비가 쉽게 발생할 수 있다는 것을 부모님들께서 미리 알고 계신다면, 혹시 아이가 배변을 할 때 아파한다던가, 배변을 힘들어

하는 증상을 보고 조치를 취하여 만성변비로의 진행을 막을 수 있습니다. 아이에게 단순한 변비 증상이 몇 번 발생하였을 때 부모님께서 무시하지 않는 것이 중요합니다.

섬유질과 수분보충

급성 변비(특히 심하지 않을 때)는 적절한 섬유질의 보충과 수분 보충으로도 해결되는 경우가 있습니다. 특히 변비가 발생한 원인이 섬유질이나 만성탈수라면 섬유질과 수분 보충이 더 중요합니다.

앞에서도 다루었지만 섬유질은 2세 미만은 하루에 5g 정도, 그 이상에서는 '아이의 나이+5~10g' 정도 섭취하면 충분합니다. 과일, 채소, 잡곡밥(흰쌀에는 섬유질이 거의 없습니다)을 골고루 잘 먹는다면 섬유질은 부족하지 않습니다.

편식이 있어서 섬유질의 섭취가 너무 부족한 경우에는 섬유질을 따로 영양제, 음료 등을 통해 보충할 수도 있습니다(여기에는 요미요미, 꿍아주스, 푸룬주스, 식이섬유 이지 등이 포함됩니다. 섬유질 성분을 확인하셔서 충분한 섬유질이 들어있는지 확인하시면 됩니다).

물은 간단하게 아이의 몸무게가 10kg 이면 1,000mℓ, 15kg 이면 1,250mℓ, 20kg이면 1,500mℓ 정도가 하루 필요량입니다. 하지만 음식이나 다른 음료에서도 수분을 보충하기 때문에 평소보다 하루에 2~3잔 정도의 물만 추가로 마신다면 보통 수분이 부족하지는 않습니다.

변비약의 복용

급성 변비라 하더라도 진료 후 단기적으로 변비약을 복용하는 것도 좋은 방법입니다. 만성변비는 수개월 이상 변비약을 복용해야 하지만 급성이라면 수일에서 수주만 복용하여 쌓인 대변을 제거하고 원활한 배변 활동을 도와주면 상대적으로 쉽게 장의 기능이 회복됩니다. 변비약의 복용을 미루거나 피한다면 나중에 변비약을 더 오래 먹어야 할 수도 있습니다.

배변 훈련을 시도하다가 변비가 발생한 경우는 우선 배변 훈련을 중단하는 것이 원칙입니다. 관련된 여러 원인이 변비를 유발할 수 있는데, 무조건 우선 변비를 치료한 후에 배변 훈련을 시도해야 합니다. 다시 시도할 때도 변비가 재발하지 않도록 좀 더 준비가 필요합니다.

만성변비로 진행된 경우

만성변비는 음식이나 수분보충으로 치료가 안 되거나 증상이 호전되어도 다시 재발하는 경우가 많습니다. 이 경우 진료를 통해 약물 치료를 포함한 체계적인 치료만이 해결책입니다. 심한 변비라면 혹시 기능성 변비가 아닌 다른 원인의 변비가 아닌지 진료 및 검사가 필요한 경우도 있습니다.

> '호미로 막을 것을 가래로 막는다'라는 속담이 있습니다. 이 속담이 급성 변비와 딱 맞는 것 같습니다. 급성 변비일 때 관심을 가지고 빨리 치료한다면 가볍게 넘어갈 수 있지만, 만성변비로 이어진다면 상당히 오랜 기간 고생하게 되니까요.

생각보다 흔한 항문 질환

치열Anal fissure

항문 부위가 찢어지는 현상을 말합니다. 변비가 있는 아이들이 딱딱한 변을 배변하다가 발생하고, 지속적인 손상만 없으면 대부분 특별한 치료 없이 좋아집니다. 주의해야 할 것은 치열이 발생하게 되면 배변 시 통증이 있을 수 있는데, 이것 때문에 아이들이 배변 거부를 하여 만성변비로 진행하는 원인이 될 수 있는 것입니다.

'급성변비 ⇨ 치열 ⇨ 배변할 때 아파서 대변을 참게 됨 ⇨ 변비 악화 ⇨ 만성변비' 이런 식으로 진행되는 것이지요. 따라서 치열이 발생하여 아이가 배변을 아파한다면 단기간의 변비약 복용 등을 통해 빨리 나을 수 있게 해주는 것이 만성변비로의 진행을 막을 수 있는 방법입니다.

직장탈출증Rectal prolapse

직장이 항문 밖으로 튀어나오는 것을 말합니다. 말은 간단하지만 실제로 아이에게 발생하면 굉장히 당황하실 수밖에 없습니다. 소아에서는 주로 4세 미만의 어린아이에게 만성변비가 있어 배변 시 과도하게 힘주는 것이 반복되어 발생하는 경우가 많습니다.

저절로 들어가거나, 손으로 밀어 넣을 수 있는 심하지 않은 직장탈출증은 원인인 변비를 해결하면 대부분 수술적 치료 없이 호전되지만, 증상이 심하거나 계속 반복된다면 수술적 치료가 필요하기도 합니다.

항문 농양, 치루 Perianal abscess and fistula

항문 농양은 항문 주위 조직에 염증이 발생하여 고름이 생긴 것을 말하고, 치루는 항문관이나 직장과 항문 주위 피부 사이에 누공(작은 구멍)이 생긴 상태를 말합니다. 보통 항문 농양이 낫지 않고 오래되어 치루로 진행되는 경우가 많습니다.

항문 농양이나 치루는 성인에서는 만성 질환에 의해 면역력이 저하되어 있는 분들에게 종종 발생할 수 있지만 건강한 소아에서는(특히 1세 이후에는) 흔하지 않습니다. 그렇기 때문에 오히려 아이들에게 잘 치료되지 않거나 반복되는 항문 농양, 치루가 있다면 크론병과 같은 만성 질환이 숨어 있는 것은 아닌지 확인하는 것이 무엇보다 중요합니다.

항문 질환과 크론병 Crohn's disease

크론병은 입에서 항문까지 소화관 전체에 걸쳐 어느 부위에서든지 발생할 수 있는 만성 염증성 장질환입니다. 보통 소아 크론병 환아의

20~40% 정도가 항문 질환이 동반되어 있는데, 우리나라 소아 크론병 환아에서는 심한 항문 질환이 있는 경우가 많습니다.

실제 외래에서 보면 복통, 설사, 혈변, 체중 감소 등 크론병의 다른 증상은 없거나, 심하지 않으면서 반복되는 항문 질환만 있었는데 검사 후에 크론병을 진단 받는 경우가 종종 있습니다. 크론병에 의한 항문 질환이라면 크론병 자체를 치료해야 항문 질환도 호전됩니다. 소아에서 반복되거나 심한 항문 질환이 있는 경우라면 꼭 크론병 관련 검사를 하는 것이 필요합니다.

> 66
>
> 아이에게 치열, 직장탈출증이 발생한다면 만성변비가 원인은 아닌지 확인이 필요하고, 변비가 원인이라면 적절한 치료가 필요합니다. 혹시 반복적인 항문 농양이나 치루가 있다면 크론병 등 만성 질환이 숨어 있는 것은 아닌지 꼭 확인하세요.
>
> 99

다크서클이 아닙니다

어떤 아이의 눈 밑이 어둡다면 어떤 생각이 되시나요? '잘 안 먹거나, 잠을 잘 안 자서 그런가?' 이런 생각들 혹시 하시나요?

사실 다크서클을 가진 것처럼 보이는 유소아의 눈 아래 어두움 증상은 주로 우리가 일반적으로 생각하는 다크서클이 아닙니다. 알레르기 샤이너Allergic shiners라는 것인데요. 샤이너라는 말이 다크서클과 비슷한 뜻이기 때문에 알레르기 다크서클이라고도 할 수 있습니다. 이것은 왜 생길까요?

얼굴에는 부비강이라는 공간이 있습니다. 알레르기 비염 등 알레르기 반응이 있으면 이 공간이 부을 수가 있는데 그렇게 되면 피의 순환이 어려워지게 되고, 눈 밑에 있는 작은 혈관들에 피가 많아지게 됩니다.

성인 다크서클의 상당수도 이 경우에 해당되지만, 특히 소아의 경우에는 실제로 콧물이 줄줄 나고, 기침을 할 정도로 비염이 심하지는 않더라도 약간의 알레르기 비염이 있으면서 알레르기 샤이너를 가진 경우가 많습니다.

어떻게 하면 좋아질까요?

원인인 알레르기 비염을 치료해야 하는데, 아이가 비염으로 힘들어하지 않는다면 별다른 치료 없이 크면서 저절로 좋아지는 경우가 더 많습니다. 흡입 알레르기의 경우 70% 이상은 사춘기 전에 저절로 치유되기 때문입니다. 하지만 비염이 심하다면 알레르기 원인에 대한 검사도 해보고, 치료를 받는 것이 좋습니다. 치료로 알레르기 비염이 좋아진다면 당연히 알레르기 샤이너도 좋아질 것입니다.

단기적으로는 눈 밑이 너무 붓거나 간지러울 때 차가운 것으로 눈 주변을 가볍게 눌러주는 것도 잠깐의 도움은 될 수 있습니다.

논문에서 여러 알레르기 샤이너 케이스를 분석했더니 알레르기 비염이 심할수록 알레르기 샤이너 색이 더 진했다는 결론이 나왔다는 보고도 있습니다. 확실히 알레르기 샤이너가 심한 경우에는 병원에서 적절한 검사와 치료를 받는 것이 좋겠습니다.

신생아기에 걱정되는 황달

아이들에게는 신생아 시기를 제외하고는 황달이 매우 드물게 관찰됩니다. 하지만 그렇기 때문에 혹시 황달이 발생한다면 빨리 진료가 필요한 상황입니다.

황달은 혈액 내에 담즙색소(빌리루빈)가 늘어나 눈의 흰자위, 피부, 점막 등이 노랗게 보이는 것을 말합니다. 빌리루빈 수치는 1~1.5mg/dL 이하가 정상이고, 빌리루빈 수치가 2~3mg/dL가 넘어가면 황달이 있다고 진단합니다.

눈으로 봤을 때 피부나 눈이 노랗게 보이는 것은 보통 빌리루빈 수치가 5mg/dL 이상은 되어야 하기 때문에 눈으로 봤을 때 노랗게 보이는데 황달이라면 꽤 심한 황달일 수 있습니다. 육안으로 황달이 의심된다면 혈액검사를 통한 확인이 꼭 필요합니다.

신생아기의 생리적 황달

신생아기에는 생후 2~3일경부터 황달을 보이다가 생후 1주일경부터 좋아지는 '생리적 황달'이 있습니다. 정도의 차이는 있지만 신생아의 약 60% 정도에서 발생할 정도로 흔합니다. 신생아 시기에는 적혈구 수명이 짧아서 적혈구가 깨지면서 빌리루빈이 많이 생성되는데, 신생아는 간 대사가 미숙해서 빌리루빈의 처리 능력이 떨어지기 때문에 발생합니다.

대부분은 저절로 좋아지지만 일부에서 수치가 아이에게 위험할 정도로 높게 올라가는 경우도 있어 주의가 필요합니다.

신생아 황달의 치료

아이의 생후 일수, 태어난 주수, 위험 요인 여부, 컨디션 등에 따라 치료 기준은 다르지만 일반적으로 빌리루빈 수치가 15~20mg/dL 이상이면 광선 치료를 고려합니다. 생후 3~4일 이내라면 더 낮은 수치에도 치료를 시작하기도 하고, 아이가 미숙아이거나 위험 요인이 있다면 기준이 완전히 달라질 수 있습니다.

광선 치료, 교환 수혈 등을 통해 황달을 치료해야 하는 이유는 심한 황달에 의한 신경학적 손상을 예방하기 위해서입니다. 황달을 적절한 시기에 잘 치료한다면 대부분 아무 손상 없이 잘 회복이 되지만 혹시 치료가 늦어져서 신경학적 손상이 오면 영구적인 뇌 손상으로 연결될 수 있습니다.

신생아기의 오래가는 황달

만삭아에서 생리적 황달이 있는 시기가 지난 생후 2주 이후에도 황달이 지속된다면 '지속되는 황달prolonged jaundice'이라고 정의합니다. 원인

은 대부분 모유 황달이지만 드물게 혈액질환, 담도폐쇄증, 갑상선 호르
몬 질환, 간염, 다른 감염도 원인이 될 수 있기 때문에 생후 3~4주가 지
났는데도 황달이 지속된다면 전문적인 진료와 혈액검사를 통한 원인
감별이 필요합니다.

특히 담도폐쇄증은 드물기는 하지만 생후 2달 이내에 수술을 하는
것이 좋은 예후에 매우 중요하기 때문에 꼭 감별이 필요하고, 갑상선 호
르몬 저하증이나 혈액질환, 간염과 같은 원인들도 빨리 발견될수록 아
이에게 좋습니다.

모유 황달

모유 또는 혼합 수유를 하는 신생아에서 황달이 오래가는 경우를 말
합니다. 일반적으로는 생후 2주경 가장 높은 황달 수치를 보이고 이후
에는 떨어집니다. 대부분 한 달 이내면 정상수치로 떨어지지만 오래가
는 경우 황달 수치가 정상이 되기까지 3달이 걸리기도 합니다. 모유 황
달 자체는 양성 질환이지만 수치가 높거나 오래가는 경우 감별을 위해
혈액검사가 필요하고, 이후에도 3개월 이내에 정상이 되는지 확인해야
합니다.

모유 황달이 있다고 해서 모유 수유를 아예 끊을 필요는 없습니다.
오히려 감별이 필요한 경우라면 한 번 혈액검사를 하고, 검사 결과 이상
이 없고 모유 황달로 생각된다면 오히려 걱정 없이 모유 수유를 지속하
셔도 됩니다. 모유가 주는 수많은 이득이 있는데 아이에게 해로울 것이

없는 모유 황달 때문에 모유 수유를 중단하는 것은 아이에게 너무 손해 니까요.

일시적으로 1~2일간 모유 수유를 중단하는 것은 황달 수치를 떨어뜨리는 데 도움이 될 수 있습니다. 어머니는 유축을 하시면서 하루 이틀 정도 수유를 중단하는 조치는 수치가 많이 높은 경우 담당 소아과 전문의와 상의하여 시도할 수 있습니다.

신생아기 이후의 황달

신생아기 이후의 어린이, 청소년, 성인에서 황달이 있는 것은 적극적인 원인 감별이 필요합니다. 간, 담도, 췌장, 혈액과 관련된 질환이 원인일 수 있습니다. 특히 육안으로 황달이 의심되는 경우에는 반드시 혈액검사를 통한 확인이 필요합니다.

검사를 해서 황달이 아니라면 다행이지만 혹시 황달일 경우 놓치면 안 되니까요.

질베르 증후군

황달의 흔한 원인 중 질베르 증후군Gilbert's syndrome이 있습니다. 전체 인구의 8% 이상이 가지고 있는 흔한 질환으로 빌리루빈을 대사하는 효소의 기능이 떨어져 있어서 질병, 심한 운동, 금식, 탈수, 스트레스 등에 의해 경도의 황달이 발생합니다. 하지만 대부분 황달 수치가 3mg/dL 이하이기 때문에 육안으로 알 수는 없고, 다른 것 때문에 혈액검사를 하다가 우연히 알게 되는 경우가 많습니다.

대부분 양성 예후로 다른 질환이 의심되는 경우가 아니라면 추가적인 검사나 치료는 필요 없습니다.

카로틴 혈증

귤, 호박, 당근 등의 황색 색소가 들어 있는 음식을 많이 먹어서 손바닥, 발바닥이 노랗게 되는 증상입니다. 실제로 외래에서 아이들이 귤을 너무 많이 먹어서 손바닥이 노래져서 오는 경우가 종종 있습니다. 섭취를 줄이면 다시 정상으로 돌아오기 때문에 문제는 없지만, 감별이 애매하다면 한 번 정도는 혈액검사를 통해서 황달이 아닌지 확인해 보는 것이 좋습니다.

> 66
>
> 신생아기의 생리적 황달은 흔하지만 수치가 너무 높거나 오래가는 경우는 진료를 통해 적절한 검사와 치료가 필요합니다. 신생아기 이후 황달이 의심된다면 반드시 혈액검사를 통한 확인이 필요하고, 또 황달이 있다면 원인에 대한 적극적인 검사와 치료를 해야 합니다.
>
> 99

소아에서 가장 흔한 철결핍과 빈혈

철결핍은 소아에서 가장 흔히 볼 수 있는 영양 결핍입니다. 단백질이나 아연, 비타민이 아니고 철분이 가장 흔히 부족한 영양소라니, 놀라셨나요?

전 세계 소아의 약 30%에서 철결핍성 빈혈이 있고, 영양적으로 부족함이 가장 적은 나라 중 하나인 미국에서도 12~36개월 소아의 9%가 철결핍, 그중 30%가 철결핍성 빈혈이 있습니다. 아직 정확한 우리나라 통계는 없지만 12~36개월 소아 열 명 중 한 명 이상은 철결핍이 있을 것이라고 예상됩니다. 따라서 우리 아이도 철결핍 또는 철결핍성 빈혈이 있을 수 있다고 생각하는 것이 매우 중요합니다.

철결핍과 철결핍성 빈혈이란?

철결핍은 피검사에서 철분이 부족할 때 진단할 수 있고, 이로 인한 빈혈은 피검사에서 헤모글로빈이 11g/dL 이하(만 6개월~4세)면 진단할 수 있습니다. 보통은 철결핍이 있다가 철결핍이 심해지면 헤모글로빈도 줄어들어 철결핍성 빈혈로 진행됩니다.

빈혈의 가장 잘 알려진 증상은 창백pallor입니다. 하지만 빈혈로 인해 얼굴이 창백하다면 이미 헤모글로빈이 7~8g/dL 이하로 떨어진 경우가 많습니다. 따라서 헤모글로빈이 8~11g/dL이거나, 철결핍은 있지만 아직 빈혈까지 진행되지 않은 경우에는 피검사를 하기 전에는 철결핍 또는 철결핍성 빈혈이 있는지 알기 힘듭니다.

창백 이외의 증상으로는 짜증, 보챔, 식욕부진, 처짐, 수면 장애, 활동 저하 등이 있습니다. 9~24개월 사이, 특히 12개월 전후 아이의 원인 모를 보챔, 수면 장애, 식욕 부진이 철결핍 이나 그로 인한 빈혈로 인한 증상일 수 있습니다. 물론 아이의 기질일 수 있지만 단정하기 전에 철결핍이 있는 것은 아닌지 한 번쯤 의심해 보는 것이 필요합니다.

외래에서 철분약만 먹으면 해결될 증상인데 철결핍인 줄을 몰라서 아이와 엄마 모두 오랫동안 힘들어했던 경우를 많이 만납니다. 또 아이가 창백해질 정도로 진행되었는데도 항상 같이 지내는 부모님이 알아차리지 못하는 경우도 있습니다. 그런 경우 보통 집에 방문한 다른 사람이 알려주거나, 다른 이유로 소아과를 방문했을 때 우연히 알게 됩니다.

장기적인 문제점

철결핍과 철결핍성 빈혈은 장기적으로 신경학적, 지능적 기능 발달에 영향을 미칠 수 있습니다. 이미 많은 철결핍과 신경학적 발달이 큰 연관성이 있다는 연구가 발표되었으며, 동물 연구에서는 철분이 신경학적 발달의 필수 요소라고 밝혀졌습니다. 또한 철결핍이 있어 자주 보채고, 푹 자지 못하고, 자극에 대해 반응이 떨어지면서 발달에 심각한 영향을 미칠 수 있습니다.

철결핍성 빈혈을 예방하려면 어떻게 해야 할까요? 만삭으로 건강하게 태어난 아이는 적어도 첫 4개월 동안 필요한 철분을 가지고 태어납니다. 그러다가 만 6개월 전후로 철분 필요량이 크게 늘어나는데, 이때 이유식을 통한 충분한 철분 섭취가 이루어지지 않아서 철결핍이 발생하는 경우가 대부분입니다. 따라서 이 시기부터 적절한 예방을 하는 것이 중요합니다.

철분제 복용 가이드라인

만삭으로 건강하게 태어난 아이는 첫 4개월은 분유, 모유 상관없이 철분 보충이 필요 없습니다. 4~6개월 사이의 모유 수유만 하는 아이는 철분제를 권유합니다(1mg/kg/day). 혼합 수유하는 아이도 모유와 분유의 비율이 정확하지 않기 때문에 철분제를 권유합니다(1mg/kg/day). 분유 수유만 하는 아이에게는 분유에 어느 정도 철분이 들어 있기 때문에 따로 보충을 권유하지 않습니다.

6~12개월은 철분히 특히 많이 필요한 시기로 이유식(붉은 고기, 철분이 풍부한 채소 등)으로 충분한 철분을 보충한다면 철분제를 먹이지 않아도 좋습니다. 부모님이 판단하기에 부족하다면 철분제로 보충이 필요할 수 있습니다. 특히 고기에 들어있는 헴철은 식사의 10%에 불과하더라도, 헴철에 의해 흡수되는 철의 양의 전체의 1/3에 해당하기 때문에 아주 중요하게 체크해야 합니다. 붉은 고기를 잘 안 먹는다면 철분이 부족할 수 있습니다.

12~36개월의 아이는 음식(붉은 고기, 철분이 풍부한 곡물, 채소, 비타민 C

가 풍부한 과일)으로 철분을 잘 흡수하는 것이 가장 좋습니다. 하지만 철분이 풍부한 음식을 잘 먹지 않는다면 철분제가 필요할 수도 있습니다. 미숙아는 적어도 생후 12개월까지는 철분 보충이 필요합니다(2mg/kg/day).

철결핍 검사의 필요성

철결핍이 의심되거나 걱정되시면 생후 12개월 정도에 피검사를 해보는 것을 추천합니다. 특히 위험인자가 있는 경우엔 꼭 진행하셔야 하는데, 미국 소아과 학회에서 지정한 위험인자는 다음과 같습니다.

- 미숙아
- 저체중출생아
- 모유만 먹였는데 4개월 이후에도 철분 보충을 하지 않은 경우
- 이유식에 철분이 충분하지 않았던 경우
- 이유식을 잘 안 먹는 경우
- 성장에 문제가 있는 경우

> 철결핍 빈혈은 철분제로 쉽게 교정할 수 있고, 특히 밥을 잘 안 먹는 것과 잠을 잘 안 자는 등의 증상은 철분제만 복용하면 1~2주 안에도 좋아질 수 있습니다. 혹시 우리 아이가 철분 부족이 아닌지 꼭 체크해 보는 것이 중요합니다.

뭔가를 삼킨 거 같아요

이 사진이 어떤 사진인 것 같으신가요?

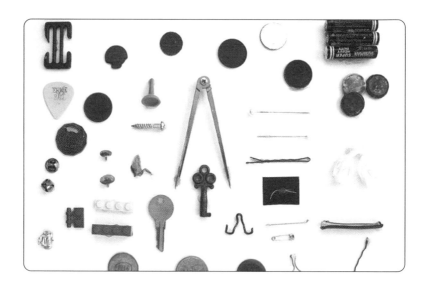

믿지 못하실 수도 있겠지만 위의 물건들은 모두 아이들이 먹어서 내시경을 통해 제거한 물건들을 모아 놓은 사진입니다. 동전, 단추, 건전지까지야 그렇다고 치더라도 못, 옷핀, 열쇠, 컴퍼스 같은 물건들은 상상만 해도 끔찍합니다.

통계적으로 보면 이물질을 먹는 사고의 75%는 5세 미만의 아이들에게서 발생하며 주로 평소에 집안에 있는 동전, 장난감, 귀금속, 자석, 건전지 등과 같은 물건들이 그 대상입니다. '설마 우리 아이가 이걸 먹으려고 하겠어?' 이런 생각을 하시겠지만 아이들은 처음 보는 물건에 호기심이 많고, 꼭 먹으려는 의도가 아니더라도 입에 넣어 보았다가 실수로 삼키게 되는 경우도 많기 때문에 이런 사고들이 종종 발생합니다. 실제로 응급실로 오신 부모님들은 어떤 물건을 가지고 노는 것을 보고 있었는데 순식간에 입으로 가져가서 급하게 빼내려고 하였으나 이미 삼켜버려서 왔다고 설명하십니다.

따라서 아이가 먹을 수 있을 만한 크기의 물건들을 바닥이나 아이의 손이 닿는 곳이 놓지 않아서 이런 일을 미리 예방하는 것이 가장 중요합니다. 하지만 아무리 조심하고, 위험한 일을 예방하려고 노력해도 때로는 이런 일이 발생할 수 있습니다. 아이를 키우다 보면 부모 마음대로 되지 않는 일들은 너무나 많으니까요.

아이가 이물질을 먹었으면 어떻게 해야 하나요?

아이를 데리고 빨리 응급실에 가야 합니다. 아이가 이물질을 먹었거나, 이물질을 먹은 것으로 의심된다면 그것이 어떤 물건이든, 아이가 증상이 있든, 없든, 일단 응급실에 가서 진찰을 받고, 엑스레이를 찍어 보는 것이 기본 원칙입니다.

그 이유는 어떤 크기의, 어떤 물건을 먹었는지, 그 물건이 지금 어느 위치에 있는지, 아이가 증상이 있는지에 따라서 조치가 달라지기 때문입니다. 아이에게 상대적으로 안전한 물건이 위까지 내려와 있다면 저절로 배출되기를 기다리는 경우도 있지만, 아이에게 위험한 상황이라면 응급 내시경을 통해 제거해야 합니다.

어린아이에게도 내시경을 할 수 있나요?

성인은 건강검진으로 위내시경, 대장 내시경을 많이 하지만 아이가 내시경을 하는 경우는 드뭅니다. 하지만 특정 질환이 의심되거나, 출혈이 있거나, 이물질을 먹은 경우 등 필요하다면 내시경을 할 수 있고, 때로 신생아도 필요에 의해 내시경을 하기도 합니다.

소아 내시경에 숙련된 의사가 내시경을 하는 경우라면 내시경 술기 자체는 대부분 안전합니다. 하지만 이물질 자체가 위험하거나 아이의 컨디션이 안 좋은 경우에는 더 주의가 필요합니다.

어느 병원에 가야 하나요?

아이가 이물질을 먹은 경우에 아이를 진찰하고, 엑스레이로 기본적인 평가를 하는 것은 소아과가 있는 병원의 응급실이라면 어디서든 할 수 있지만 문제는 제거가 필요한 경우입니다. 소아 내시경이 가능한 병원이 많지 않기 때문에 가능 여부를 미리 알아보고 가는 것이 좋습니다. 알아보지 않고 갔는데 내시경적 제거가 필요하다면 소아 내시경이 가능한 병원으로 다시 전원이 필요합니다. 평소에 주변 대학병원 중 소아 내시경이 가능한 병원을 미리 알아두시면 혹시 그런 일이 생겼을 때 덜 당황하실 수 있습니다.

특별히 더 위험한 경우가 있나요?

상대적으로 더 위험한 물건을 먹은 경우가 아이에게 더 급한 상황입니다. 이 경우라면 되도록 더 빨리 응급실에 가야 합니다. 특정 경우에는 2시간 이내에 제거해야 하기도 합니다.

아이들이 흔히 먹는 물건 중에서는 버튼 배터리, 자석, 날카로운 물건(옷핀, 못 등) 등이 특히 위험한 물건입니다. 또 무엇을 먹었건 아이가 통증, 구토, 침 흘림, 연하곤란, 호흡곤란 등의 증상이 있으면 무조건 응급상황입니다.

66

아이를 키우다 보면 예상하지 못한 당황스러운 일이 일어나기도 합니다. 갑자기 이물질을 먹는 사고도 그중 하나입니다. 결론은 빨리 응급실로 가서 진료와 치료를 받아야 한다는 것이지만, 부모님들이 미리 위험 상황을 상상해 보시면서 대처 방안을 정리하면 실제 위험한 상황이 발생했을 때 덜 당황하실 수 있을 겁니다.

이런 일은 미리 예방하는 것이 가장 중요하다는 것도 다시 한번 말씀드립니다.

99

머리를 부딪쳤는데, 어떻게 하죠?

아이가 어릴 때는 머리를 부딪히는 일이 종종 발생합니다. 일상생활에서 가볍게 머리를 부딪혔을 때는 아이가 괜찮아 보이면 크게 걱정 안하고 넘어가기도 하지만, 침대에서 떨어지거나 교통사고 등 머리를 세게 부딪히는 경우는 문제가 전혀 다릅니다. 눈으로 볼 때도 외상이 심하거나 아이 컨디션이 안 좋아 보이면 당연히 병원에 가야겠지만, 아이가 멀쩡해 보인다면 어떻게 해야 할까요?

2세 미만 어린아이의 심하지 않은 두부외상

영어로 'minor blunt head trauma', 풀어서 해석하면 '머리를 뾰족하지 않은 곳에 아주 심하지는 않게 부딪혀서 발생한 외상'입니다. 부딪힌 후 아이가 겉보기에는 평소와 다름없고, 큰 이상이 없어 보이기는 하지만 그래도 걱정은 되는, 일상생활에서 많이 겪게 되는 상황입니다.

이 경우 대부분은 뇌 손상이나 장기적인 후유증은 남지 않습니다. 통계적으로 보면 이런 정도의 두부 외상이 발생한 아이들 중 신경학적 검사에서 이상이 없다면, CT 검사에서 이상이 확인되는 경우는 5% 정도이고, 1% 정도에서만 장기적인 경과 관찰이나 입원치료가 필요하며, 수술적 치료가 필요한 경우는 0.2% 정도입니다.

하지만 2세 미만의 어린아이에게 이러한 두부 외상이 발생했을 때

뇌 손상 가능성을 판단하는 것은 쉽지는 않습니다. 아이가 어리기 때문에 신경학적 평가 자체가 어렵고, 증상이 없다가 뇌 손상이 발견되기도 합니다. 그리고 생각보다 심하게 부딪히지 않았는데도 두개골 손상이나 뇌 손상이 발생하기도 하기 때문에 병력만 가지고 판단하기도 어렵습니다. 예를 들어 높은 침대에서 떨어져도 괜찮은 경우도 많지만, 벽에 부딪힌 정도인데도 이상이 있는 경우도 드물게 있습니다.

응급실에 가야 할까요?

부모님이 걱정할 정도로 머리를 부딪힌 상황이라면 응급실에 가야 합니다. 위의 통계는 '신경학적 검사에서 이상이 없는 경우'를 전제로 했기 때문에 신경학적 검사를 하지 못한 상황이라면 그 위험성은 더 높을 수도 있습니다. 두부 CT 촬영을 포함한 검사를 할지 안 할지는 응급실에서 진료 후 부딪힌 상황과 아이의 상태, 나이 등을 고려하여 의사가 결정하는 것이 맞습니다. 집에서 부모님들이 결정하는 것은 굉장히 어렵고, 위험한 일입니다.

왜 전부 CT를 찍으면 안 될까요?

이전에 비해서는 피폭량이 많이 줄기는 하였지만 CT 검사는 방사선 노출이 되는 검사이기 때문에 적지만 뇌종양 발생의 위험을 높일 수 있습니다. 따라서 꼭 필요한 경우는 당연히 찍어야 하지만 위험이 낮은 경우에 선별검사처럼 시행할 수 있는 검사는 아닙니다. 따라서 진료를 통해 의식소실 여부, 아이의 행동, 컨디션, 나이, 증상, 신체진찰 소견을 종합하여 외상성 뇌손상의 위험을 판단하여 두부 CT 촬영 여부를 결정합니다.

주의해야 할 상황

원칙을 잘 알고 있더라도 실제로 결정하기가 어려운 경우도 있습니다. 살짝 머리를 부딪힐 때마다 응급실에 달려갈 수는 없으니까요. 그럴 때는 혹시 이런 증상이 있는지를 확인하시는 것이 결정에 도움이 될 수 있습니다.

- 1m 이상에서 떨어짐
- 머리에 혈종(출혈이 고여서 만들어진 혈액 덩어리)이 만져짐
- 양육자가 보기에 아이가 평소와 좀 다른 모습을 보임
- 지금은 호전되었더라도 머리를 부딪힌 후 늘어지거나 심하게 보채는 모습이 있었음
- 3개월 이하의 아이가 머리를 부딪힌 경우
- 구토를 하는 경우

적어도 위와 같은 상황에서는 반드시 응급실에 가야 합니다.

> 두부 외상은 대부분 괜찮지만 뇌 손상은 놓쳐서는 안 되는 심각한 문제입니다. 따라서 혹시 이런 사고가 발생한다면, 특히 아이가 어리다면 우리 아이를 위해 좀 더 안전한 방향으로 결정하시면 좋겠습니다.

육아에 대한 가장 최신의
객관적인 답을 모았습니다

제가 소아청소년과 전공의 3년차 때 첫째 아이가 태어났습니다. 당시에 그래도 소아과 의사 3년차이고, 응급실, 외래, 신생아 중환자실 근무 경험도 있었기 때문에 스스로 어느 정도는 '전문가'라는 생각을 가지고 있었습니다. 그런데 막상 아이와 아내가 집으로 오자 정말 새로운 세상이 펼쳐졌습니다. 교과서에서 가볍게 몇 줄의 글로 넘어갔던 내용들이 너무나 큰 현실로 다가왔고, 적어도 육아에 있어서는 전문가가 아니고 경험이 없는 초보 아빠에 불과하다는 사실을 빠르게 인정할 수밖에 없었습니다.

그때부터 육아와 관련되어 궁금증이 생기거나 질문을 받을 때마다, 또 중요한 내용이라고 드는 주제가 생길 때마다 교과서나 논문도 찾아보고, 여러 육아서도 많이 읽어 보며 내용들을 정리하기 시작했습니다. 그렇게 시간이 흐르고, 아이들이 커가면서 육아와 관련된 여러 주제와 관련된 글이 늘어갔습니다.

어떻게 보면 이 책은 저희 가족의 삶이 고스란히 녹아 있는 책입니다. 이제 첫째인 딸은 아홉 살이 되었고, 둘째인 아들은 여섯 살이 되었습니다. 시간이 정말 빠르다는 생각이 들기도 하고 아이들이 건강하게 잘 자란 모습을 보면 뿌듯하고, 고맙습니다. 항상 아이들과 저에게 최선인 아내에게도 너무 고마운 마음이고요.

아이들을 잘 키우고 싶은 부모의 마음과 소아과 의사로서의 책임감이 담긴 여러 글이 이렇게 책으로 나오다니 기쁘기도 하고, 많은 생각이 듭니다.

이 책의 내용이 육아에 있어서 절대적인 정답이라고 생각하지는 않습니다. 그래도 최대한 객관적인 사실을 바탕으로 내용을 채우려고 노력했습니다. 몇 명의 경험보다는 통계나 연구에 따른 객관적인 근거가 그래도 더 의미 있다고 생각합니다. 부디 이 책이 많은 부모님에게 도움이 되면 좋겠습니다.

감사합니다.

자료 출처

- 24~27_ Bresatfeeding and Use of Human Milk / 미국 소아과 학회
- 31, 32_ World Health Organization. Infant and Young Child Feeding: Model Chapter for Textbooks for Medical Students and Allied Health Professionals. Geneva: WHO Press(2009)
- 62_ SBS Biz News, 2016.03.21.
- 73, 74_ 서울특별시 제대혈 은행 홈페이지
- 88_한국 영유아 발달선별검사 사용지침서(2017)
- 97~99_ Clinical Practice Guideline for the Diagnosis and Treatment of Pediatric Obesity: Recommendations from the Committee on Pediatric Obesity of the Korean Society of Pediatric Gastroenterology Hepatology and Nutrition
- 107_ 미국 수면 학회American Academy of Sleep Medicine
- 111_『Nelson textbook of pediatrics』
- 115_ Endocrinol Metab (Seoul)v.31(4); 2016 Dec
- 122_Three anthropometric categories of failure to thrive using circum, circumference(From Hwang JB, Koran J Pediatr 2004;47:355-361, according to the Creative Commons License)
- 126, 129_ A Practical Approach to Classifying and Managing Feeding Difficulties Benny Kerzner, Kim Milano, William C. MacLean, Glenn Berall, Sheela Stuart and Irene Chatoor Pediatrics February 2015, 135 (2) 344-353; DOI: https://doi.org/10.1542/peds.2014-163
- 174~176_ Fruit Juice in Infants, Children, and Adolescents: Current Recommendations Melvin B. Heyman, Steven A. Abrams, SECTION ON GASTROENTEROLOGY, HEPATOLOGY, AND NUTRITION and COMMITTEE ON NUTRITION Pediatrics May 2017, e20170967; DOI: https://doi.org/10.1542/peds.2017-0967
- 242_ 『Nutrition Reviews』, vol. 65, No.8
- 286~287_ PEDIATRICS Volume 146, number 6, December 2020
- 326_『Pediatric Gastrointestinal and Liver Disease』, 5th Edition. Authors: Robert Wyllie Jeffrey Hyams Marsha Kay

부록

2017
소아청소년 성장도표

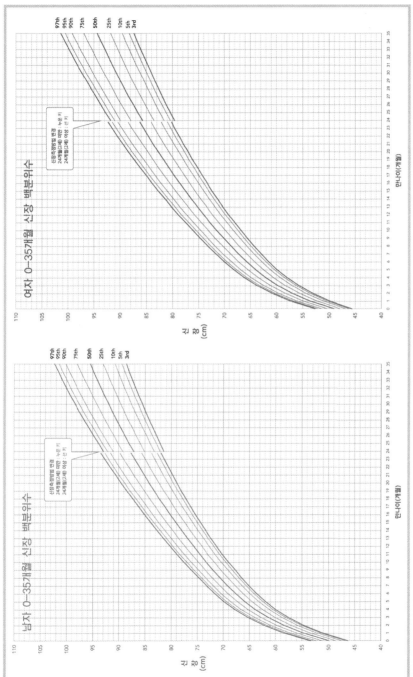

연령별 신장 백분위수 성장곡선, 3세 미만(0~35개월)

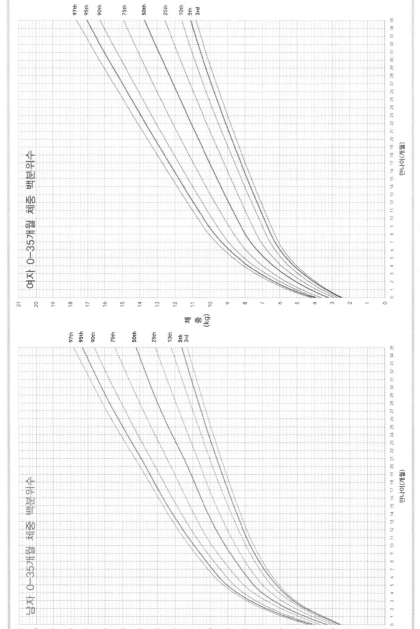

연령별 체중 백분위수 성장곡선, 3세 미만(0-35개월)

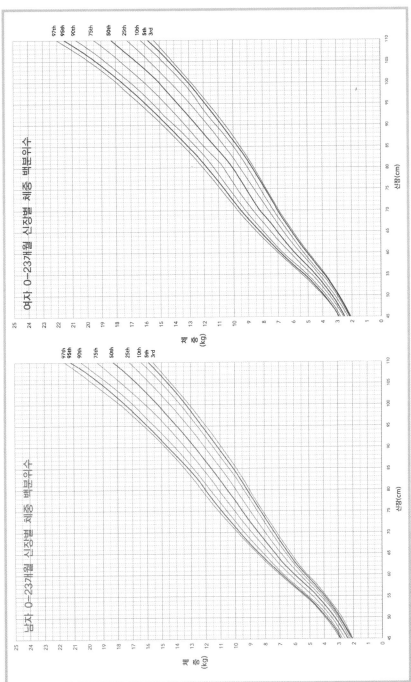

신장별 체중 백분위수 성장곡선, 2세 미만(0~23개월)

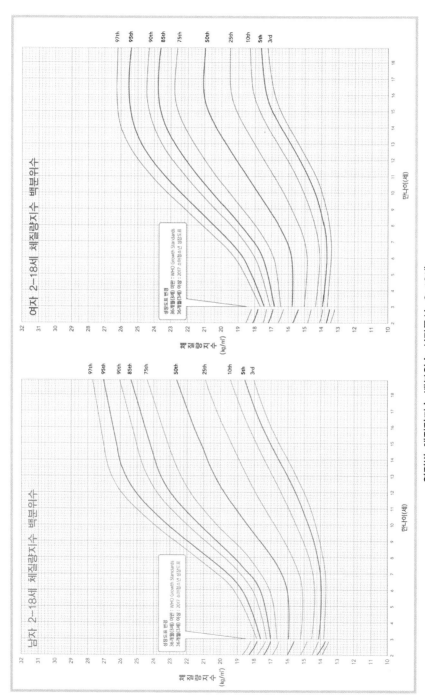

연령별 체질량지수 백분위수 성장곡선, 2–18세

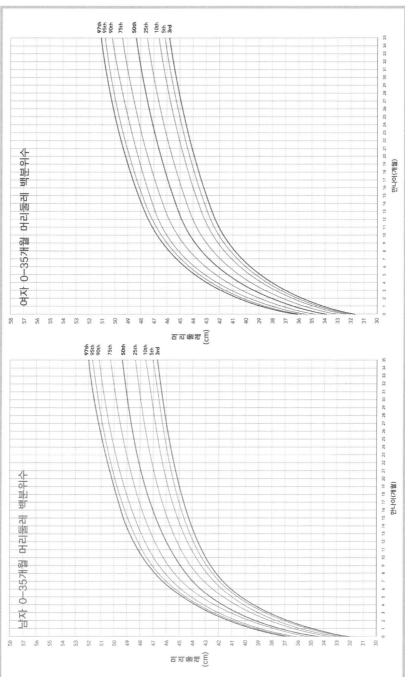

연령별 머리둘레 백분위수 성장곡선, 3세 미만(0~35개월)

잘 먹고 잘 놀고 잘 자는
0~3세 육아 핵심 가이드

초판 1쇄 발행 2021년 4월 20일 **초판 4쇄 발행** 2023년 11월 29일

지은이 류인혁
펴낸이 이승현

출판1 본부장 한수미
와이즈 팀장 장보라
편집 양예주
디자인 김누

펴낸곳 ㈜위즈덤하우스 **출판등록** 2000년 5월 23일 제13-1071호
주소 서울특별시 마포구 양화로 19 합정오피스빌딩 17층
전화 02) 2179-5600 **홈페이지** www.wisdomhouse.co.kr

ⓒ 류인혁, 2021

ISBN 979-11-91583-14-4 13590